中国科普作家协会国防科普委员会推荐图书

舰船科普丛书

国之重器

中国船舶及海洋工程设计研究院
上海市船舶与海洋工程学会
上海交通大学
主编

潜　艇

吴贻欣　王建方
编著

上海科学技术出版社

图书在版编目(CIP)数据

潜艇 / 中国船舶及海洋工程设计研究院，上海市船舶与海洋工程学会，上海交通大学主编；吴贻欣，王建方编著. —上海：上海科学技术出版社，2019.9（2023.6重印）
（国之重器：舰船科普丛书）
ISBN 978-7-5478-4508-0

Ⅰ.①潜… Ⅱ.①中… ②上… ③上… ④吴… ⑤王… Ⅲ.①潜艇–青少年读物 Ⅳ.①E925.66-49

中国版本图书馆CIP数据核字（2019）第132486号

国之重器 舰船科普丛书

潜艇

中国船舶及海洋工程设计研究院
上海市船舶与海洋工程学会 **主编**
上海交通大学

吴贻欣 王建方 **编著**

上海世纪出版（集团）有限公司
上海科学技术出版社 出版、发行
（上海市闵行区号景路159弄A座9F-10F）
邮政编码201101 www.sstp.cn
上海盛通时代印刷有限公司印刷
开本 787×1092 1/16 印张 17.5
字数 280千字
2019年9月第1版 2023年6月第3次印刷
ISBN 978-7-5478-4508-0 / N·177
定价：80.00元

内容提要

潜艇，是现代海军战斗舰艇中最令人望而生畏的“深海巨鲨”，特别是弹道导弹核潜艇，是核三位一体的关键一极，是国家军事实力的重要标志。

本书图文并茂地介绍了潜艇的原理、分类、构造、特点，以及国外主要国家潜艇的现状和发展趋势；着重记述了我国几代从事潜艇研究设计的科学技术人员发扬精忠报国、自力更生、艰苦奋斗的精神，以背水一战的决心和壮士断腕的勇气，成功研究设计常规动力潜艇和弹道导弹核潜艇的历程；记述了为研制中国核潜艇而作出特殊贡献的代表人物热爱祖国、献身科学的感人事迹。

《潜艇》一书意在激发读者特别是青少年读者的爱国情怀，增强国防观念和使命感，增强科技强军意识，时刻准备投身到国防装备现代化事业中。

国之重器——舰船科普丛书

编委会

国之重器——舰船科普丛书

专家委员会

主　任

曾恒一　潘镜芙

副主任

韩　华　郑茂礼　郑　晖　杨德昌　田小川

委　员

王佩宏　张照华　郭彦良　张关根　杨葆和

俞宝均　张文德　张福民　涂仁波　毛献群

张祥瑞　马　涛　吴正廉　徐寿钦　陈德耀

张仲根　戴自昶　张　帆　罗杏春　马炳才

刘厚恕　张太佶　张富明　李志刚　李新仲

谢　彬　王建方　李刚强　吴　刚　徐　萍

王彩莲　张海瑛　仲伟东　于再红　丁伟康

国之重器——舰船科普丛书

编辑部

主　编

张　毅

编写人员（以姓氏笔画为序）

于再红　卫琛喻　王　庆　王　建　王　莉
王建方　韦　强　曲宁宁　任　毅　刘积骅
祁　斌　牟朝纲　牟蕾频　杨　添　李　成
李刚强　李招凤　吴贻欣　邱伟强　张宗科
张富明　林伍雄　范永鹏　尚亚杰　尚保国
罗杏春　单铁兵　赵吉庆　段雪琼　俞　赟
施　璟　洪　亮　姚　亮　贺慧琼　秦　硕
徐春阳　唐　尧　陶新华　黄小燕　曹大秋
曹才轶　曹永恒　梁东伟　韩　龙　虞民毅
魏跃峰

总序

海洋之美，浩瀚、静谧、神秘。人类生存的地球表面71%覆盖着海洋，陆地被海洋包围着，仿若不沉之“舟”。

中华人民共和国，既是一个拥有960万平方千米陆地疆域的陆地大国，也是一个东部和南部大陆海岸线约1.8万千米、内海和边海的水域面积约470万平方千米、海域分布有大小岛屿7 600多个的海洋大国。提高海洋资源开发能力、发展海洋经济、保护海洋生态环境、坚持维护国家海洋权益、建设海洋强国，事关国家安全和长远发展，也对实现中华民族伟大复兴的中国梦具有十分重要的战略意义。

工欲善其事，必先利其器。经略海洋，装备当先。只有拥有强大的海洋装备作支撑，才能形成强大的海上力量，才能保障安全可靠的海上能源和贸易通道，才能拥有海洋权益的话语权。能犁开万顷碧波的舰船，正是建设海洋强国的“国之重器”。

经过几代中国舰船人的努力，我们取得了骄人的成绩。第一艘航母已交接入列，第二艘航母又下水海试；新型弹道导弹核潜艇受到世界各国的关注；“滨州”号护卫舰、“昆仑山”号船坞登陆舰等在亚丁湾为过往船只保驾护航；“临沂”号护卫舰参与也门撤侨，彰显大国担当；“和平方舟”号医院船多次赴海外开展医疗服务和救灾援助；自主设计制造的20 000箱超大型集装箱船助力中欧航线的运输；“天鲲”号绞吸挖泥船向世界展示什么叫作历练终成金；“雪龙2”号科考船即将承载起极地探索的使命……

这一个个令人振奋的消息背后，是“国之重器”建设大军只争朝夕、锐意进取、拼搏奋斗、攻坚克难的身影。“功以才成，业由才广”，世上一切事物中人是最宝贵的，一切创新成果都是人做出来的。硬实力、软实力，归根到底要靠人才实力。科技发展史证明：谁拥有了一流创新人才、拥有了一流科学家，谁就能在科技创新中占据优势。

在中国建设海洋强国的道路上，“国之重器”建设大军的每一个岗位都必须后继有人，有人传承，有人接班！

少年强则中国强。为增强青少年的海洋和国防意识，普及舰船和海洋工程科学知识，我们编撰了一部以青少年为主要对象、面向公众的科普读物“国之重器——舰船科普丛书”（简称“丛书”）。丛书以舰船为主线，全面展现新中国成立近70年以来，自主研制国之重器的艰难历程及取得的辉煌成就，使广大青少年从中汲取知识、增长才干、坚定信念、强化担当。

这套丛书共20分册，涵盖海洋防卫、海洋运输、海洋科考、海洋开发等方面，包括：海上霸主——航空母舰、深海巨鲨——潜艇、海上科学城——航天测量船、探究海洋奥秘的科学考察船、造船工业皇冠上的明珠——液化气运输船、海上巨无霸——集装箱船、超大型油船、造岛神器——大型挖泥船、海上石油城——钻井平台等。

丛书由从事舰船和海洋工程科研、设计、建造的100余位专家、技术骨干和青年科技工作者执笔，并经30余位专家审阅，历时2年编写而成。

当代青少年和公众涉猎面广，超前意识和多维立体思维能力强，具有令人刮目相看的理解能力。丛书撰写者充分考虑到青少年和公众读者的阅读要求，量身定制、兼收并蓄，将舰船知识图谱化，采用重点讲解、型号示例等方法，使专业知识通俗易懂，增强了丛书的可读性。

博览众采，传承知识。丛书通过科学的体例设置，涵盖军用舰船、民用船舶和海工装备的相关知识，体系庞大而有序，知识通俗而有内涵，突出展现了丛书内容的鲜明特色，使广大青少年读者一书在手，舰船在胸。

—— 图谱化的舰船知识。丛书坚持知识性与趣味性相结合，以图文并茂的形式对一些典型舰船进行集中讲解，以便让读者掌握舰船的特点。

—— 通俗化的专业知识。丛书坚持专业性与通俗性的有机结合，用朴实的篇章构建舰船知识链，用易懂的语言精准描述舰船的工作原理、性能特点。

—— 人文化的历史知识。丛书追溯舰船诞生的起点，展望舰船发展的未来，彰显舰

船历史的人文特色，描绘出一幅幅人类设计建造舰船、塑造海洋文明的生动画卷。

拓展视野，启迪心智。丛书以舰船为载体，为广大青少年读者打开了世界舰船知识之门、中国舰船科技之窗，让读者驾驶生命之船，扬起思想风帆。

—— 认清大势，强化理念。丛书以舰船为媒，引导读者正确认识世界和中国。半个多世纪风雨兼程，中国船舶装备在变，舰船航迹在变，唯有“国之重器”建设者们“忠于党、忠于人民、忠于国家”的初心不改，信仰不变，继续弘扬突破自我、敢为人先的工匠精神，锲而不舍，发愤图强，国家利益所至，科技创新必达！

—— 明确主题，播种梦想。丛书以中国舰船制造励精图治、自力更生、发奋图强、勇创辉煌的历史红线，为每个青少年播种梦想、点燃梦想，让更多青少年敢于有梦、勇于追梦、勤于圆梦。

激扬青春，陶冶情操。理想指引人生方向，信念决定事业成败。丛书倾诉舰船昨天之历史故事，弹奏舰船今天之恢宏篇章，高歌舰船明日之瑰丽远景。

—— 弘扬爱国主义精神。丛书立足民族、面向世界，旨在激发广大读者的爱国情怀；以科学的视角，生动介绍了新中国成立以来我国舰船及海洋工程研制所取得的成就，讲述一代又一代科技人员怀着深厚的爱国情怀，为中国舰船事业发展所作的贡献。

—— 倡导奋进创新思想。丛书用世界舰船的历史史实启发读者认知：创新是民族进步的灵魂，是一个国家兴旺发达的不竭源泉。广大青少年读者应敢为人先，勇于解放思想、与时俱进，敢于上下求索、开拓进取，树立雄心壮志，努力超越前人。

—— 激励艰苦奋斗精神。丛书用中国舰船的历史史实引领读者感悟，我们的国家、我们的民族，从积贫积弱一步一步走到今天的繁荣富强，靠的就是一代又一代人的顽强拼搏，靠的就是中华民族自强不息的奋斗精神。

2016年5月30日，习近平总书记在全国科技创新大会、两院院士大会、中国科协第九次全国代表大会上的讲话指出:科技创新、科学普及是实现创新发展的两翼，要把科学普及放在与科技创新同等重要的位置。希望广大科技工作者以提高全民科学素质为己任，在全社会推动形成讲科学、爱科学、学科学、用科学的良好氛围，使蕴藏在亿万人民中间的创新智慧充分释放、创新力量充分涌流。“国之重器——舰船科普丛书”正是习近平新时代中国特色社会主义思想的生动实践。

愿：“国之重器——舰船科普丛书”构建一座智慧的熔炉，锻造中国青少年威武铁甲！

愿：“国之重器——舰船科普丛书”筑起一个知识的平台，助力中国青少年纵横海疆！

愿：“国之重器——舰船科普丛书”插上一双理想的翅膀，引领中国青少年翱翔海天！

曾恒一 潘镜芙

中国工程院院士

2018年8月

前言

潜艇是种既能航行于水面，又能潜行于水中进行军事打击的舰艇，是现代海军战斗舰艇中最令人望而生畏的“深海巨鲨”。

潜艇，特别是弹道导弹核潜艇，是国家军事实力的重要标志，在世界战略格局中具有特殊地位。

弹道导弹核潜艇长时间远距离航行在茫茫大海，来无影、去无踪，忽隐忽现，神出鬼没。一艘战略弹道导弹核潜艇，就是一座活动隐蔽、无所不至的导弹基地，它既可主动出击，又可后发制人，对敌方重要的政治、经济、军事目标实施精准外科手术般的第二次核打击，是现代武器发展的顶峰，与陆基战略核导弹部队、战略航空兵部队一起，组成国家三位一体战略核力量，是海洋国家的战略重器。

潜艇没有变化多端的体貌，没有张扬的外表，偶尔露出水面，能看到的也只是酷似鲨鱼的脊梁，但它诡秘的行踪、藏于腹中的高科技系统和让人恐惧的威慑力，引起人们对它无限的好奇和遐想。

为了让广大青少年和读者认识潜艇、了解潜艇，揭开潜艇神秘的面纱，破解潜艇的神秘，我们编写了“国之重器——舰船科普丛书”之《潜艇》一书。

本书深入浅出地介绍潜艇的原理，重现人类千百年来所经历的持续探索和实践，深入介绍了潜艇的分类、构造、特点、作用，以及战争是怎样催生和发展潜艇的。

本书着重记述了我国几代从事潜艇研究设计的科学技术人员，以强国强军为己任，心中有国、忠诚报国，以背水一战的决心和壮士断腕的勇气，发扬滚石上山、爬坡过坎的精神，成功研究设计了常规动力潜艇和弹道导弹核潜艇；成千上万奋战在造船第一线的员工，发扬工匠精神，精益求精、一丝不苟打造精品，使我国成为世界上第五个拥有核潜艇的国家。本书生动展示了人民海军潜艇部队官兵发扬“一不怕苦，二不怕死”的革命精神，成为一支拥有多种类型潜艇的强有力的水下战斗力量；记述了为研制中国核潜艇而作出特殊贡献的代表人物热爱祖国、献身科学的感人事迹。

本书还介绍了国外几个主要国家潜艇的现状和潜艇发展趋势。

当今，世界仍不太平，战争威胁无时不在，中国作为一个陆海兼备的濒海大国，世界第二大经济体，令世界瞩目；加强国防力量，锻造共和国大国重器，建设一支强大的人民海军，具有十分重要的战略意义。

科学技术是强国之基，科学技术是战斗力。潜艇科学技术如同其他国之重器一样还有许多亟待探索的领域，还有跑在我们前面的先者。共和国的大国重器比以往任何时候都更加需要强大的持续发展的科技创新队伍，以保持不断的更新换代。

《潜艇》一书意在让读者特别是青少年读者了解，我国党和国家领导人为什么在中国百废待兴、工业基础尚十分薄弱的时期毅然决定自力更生研制核潜艇，几代潜艇人又怎样克服难以想象的困难，经过艰苦卓绝的奋斗，奇迹般地成功研制了核潜艇，从而激发读者的爱国情怀，增强国防观念和使命感，增强科技强军意识，学知识、长本领，并全面正确理解核安全知识和技术，时刻准备有朝一日投身于国防装备现代化建设事业。

作　者

2019年4月

国之重器 舰船科普丛书

目录

重器之国

第7章 幽灵系统——潜艇的主要系统 / 181

第8章 幽灵绝技——潜艇技术揭秘 / 217

第9章 展望未来——潜艇发展趋势 / 249

参考文献 / 259

后记 / 261

第 1 章

深海幽灵

——漫话潜艇

在黑魆魆的深海中，有一个似鱼非鱼、似船非船的幽灵潜伏者，它藏匿在海洋深处，悄无声息，锁定猎物，伺机而动。平静的海面上，一支由几艘护卫舰护送的商船队正大摇大摆、毫无察觉地航行着，未料一场灾难正在前方等待着它们。突然一艘商船遭到了“不明物”的袭击，紧接着更多的商船被击中，火光迅速蔓延至整个海空。在护卫舰还未回过神来之际，这位“幽灵”已凭借其细长灵巧的身形、超高的水下航速扬长而去，迅速消失在茫茫的深海之中。这位深海幽灵是谁？如此神出鬼没，来无影、去无踪，犹如传说中的水下幽灵刺客！它就是本书的主角——潜艇。

潜艇，英文名submarine，顾名思义，它是一种能够潜入水下活动和作战的战斗舰艇。“潜水”是潜艇与其他舰艇最根本的区别，海洋是潜艇活动的王国。潜艇凭借着自己一身神出鬼没的功夫，成了统治深海当之无愧的王者。2007年，在美军太平洋演习现场，中国潜艇从海底突然冒出，它竟然成功穿越了多艘美军军舰，与美国

> 图1　幽灵刺客——潜艇

图2　深海王者——潜艇

航空母舰来了一次亲密“会面”，可想而知这位深海王者带给世人的是一种怎样的震撼。“潜水”能力也是现代潜艇不懈努力的方向，在现代有声有色的海战场，海空与海面或许是飞机、军舰的世界，但海底绝对是潜艇的天下。未来的潜艇之争将更是“魔高一尺，道高一丈”，难决雌雄。

“艇”在字面上是小船的意思，似乎是毫不起眼的“家伙”，但实际上现代大型潜艇排水量已达到几万吨，乃是深海横行霸道的王者。曾有一段时间，有人试图把大型潜艇称为潜舰，以扩大潜艇的内涵。但最终人们还是为“潜艇”两字所征服，特别是造船界和军事界，都不再纠结于字面、拘泥于常规，而统一把体型不同

> 图3 海军的宠儿——潜艇

的它们都称为潜艇，现在这已成为约定俗成的习惯。

潜艇形如鲨鱼，身披黑甲，亦有“黑鱼”的别称。在烟波浩瀚的大洋中，它可以下潜到水下几十米甚至几百米，神出鬼没，隐身性极好，攻击力极强，素有“水下幽灵”之美誉。现代潜艇为了实现幽灵般“潜”行的目标，其噪声控制得极低，仅有百余分贝，基本可以“淹没”在波涛汹涌的海浪声中，敌舰、敌机的探测声呐往往只能束手无策。

潜艇亦可称为潜水船，但实际上与民用的潜水船是有天壤之别的。现代的潜艇是水下航行军用作战舰船的统称，属于海军战斗舰船的范畴。按照作战需要，潜艇一般配备有鱼雷、水雷、导弹等作战武器，可潜伏在水下执行各种神秘的作战任务。当代的潜艇已不满足于用鱼雷攻击一定范围内的舰艇，它甚至还装备了弹道导弹、核武器，可以在不被发现的情况下攻击地球上的任意目标，实施毁灭性的打击。潜艇已是当代各国海军竞相发展的宠儿。

潜艇的诞生源于人们对深海的探究，

> 图4 幽灵刺客——潜艇

但最终促进其大幅发展的却是战争。战争就像是营养剂，赋予了潜艇无与伦比的生命力，而同样地，潜艇也将传统的水面海战延伸到水下争霸，赋予了海洋战争立体化、隐身化等新特点。

潜艇刚诞生之际，由于刺客的身份，

> 图5　潜水船

> 图6　潜艇

生存得异常卑微，许多大国对它抱有怀疑的态度，总认为它只不过是弱小国家用于偷袭别国的不耻伎俩，直至第一次世界大战（以下简称一战）前夕，它还被当成是一种“非绅士风度”的武器，为人们所鄙视，如果潜艇艇员被敌国所俘，很可能会被当作海盗处决。

但作为一支神出鬼没的奇兵、一种行之有效的海战兵器，通过百年间的厚积薄发，它必然会大放光彩、一展身手。在第二次世界大战（以下简称二战）中，小小

> 图7 神出鬼没的奇兵——潜艇

的潜艇竟击沉了数百艘大中型水面舰艇和数千艘运输船；在大西洋海战中，英国、美国两国为了对付德国神出鬼没的潜艇，竟出动了2 000多艘猎潜舰艇和100多架飞机，每对付1个德国潜艇人员就需要派出100多个反潜人员。可想而知，潜艇在海战中是如何之神奇，如何之炫目。

特别是弹道导弹核潜艇的问世，潜艇更是由单一的战术兵种跃升为战术、战略双料兵种，战略地位一跃而起，甚至要超过航空母舰。作为核三位一体当中最为关键的一环，弹道导弹核潜艇是世界上集成度最高的核武器系统。据悉，一艘美国俄

> 图8 水面航行的潜艇

图9　美国俄亥俄级弹道导弹核潜艇

亥俄级潜艇可在半小时内摧毁一个中小国家，可令一个大国陷入瘫痪之境，可想其破坏力是如何之骇人听闻。

目前，各军事核大国都倾向于将战略核弹头重点部署在弹道导弹核潜艇之上，其中美国和俄罗斯的战略进攻核弹头潜基部署已达到50%，英国和法国甚至打算将战略核力量全部部署在核潜艇上。可以预见，弹道导弹核潜艇将是21世纪最重要的核打击力量，甚至关乎整个世界、整个地球的安危。

现在，潜艇已是绝大多数国家的主战装备，它将攻击海上、沿岸战术目标和攻击陆上深远纵深战略目标的作战能力集于

小贴士

核三位一体

核三位一体是指在核武器领域一个国家同时具备陆基洲际弹道导弹、潜射弹道导弹和战略轰炸机三种核打击方式。当一个国家拥有三位一体的核打击能力后，等同于具有了全面的核威慑能力，即使该国遭受了一次核打击，它仍具备反击报复的能力。目前公认拥有三位一体核打击能力的国家是美国与俄罗斯，而中国和印度属于极接近具有核三位一体能力的国家。

> 图10 俄罗斯北风之神级弹道导弹核潜艇

> 图11 近代潜艇

一身，是许多国家遂行海上作战与威胁的首选力量。

潜艇有位朋友叫“深潜器”。这位朋友同样也能潜到水下，但它主要执行水下观察、海底勘探、海底开发和打捞、救生等民用任务，有时也能作为潜水员活动的水下作业基地。相比而言，它个子小、航程短，更谈不上具有作战能力了。在潜艇这个大块头面前，深潜器只能相形见绌、俯首称臣。

作为公认的战略战术性武器，潜艇集现代科技装备之大成，广泛涉及造船、航空、动力、武器、电子、材料等诸多领域，是国家综合国力的象征和科技水平的缩影。

现代潜艇，作为海军的一大尖兵利器，将在未来维护国家海洋权益、维护国家安全中发挥越来越重要的作用。

> 图12 潜水器

> 图13 现代潜艇

第2章

源远流长

——国外潜艇的发展沿革

与水面战斗舰船相比，潜艇的发展历史并不漫长，从第一艘军用潜艇“海龟”号诞生至今也就200多年。从最初的科学尝试，到历经两次世界大战的洗礼，潜艇在科学技术和战争的推动下，作战能力及综合性能不断提高，它凭借着自身得天独厚的特质，走出了一条不凡的发展之路。

图14 潜艇

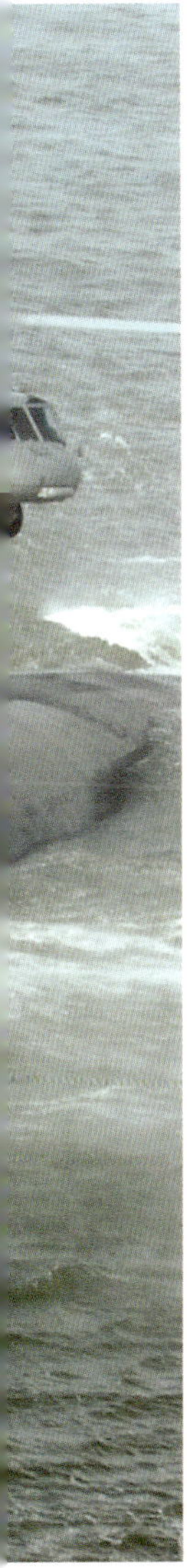

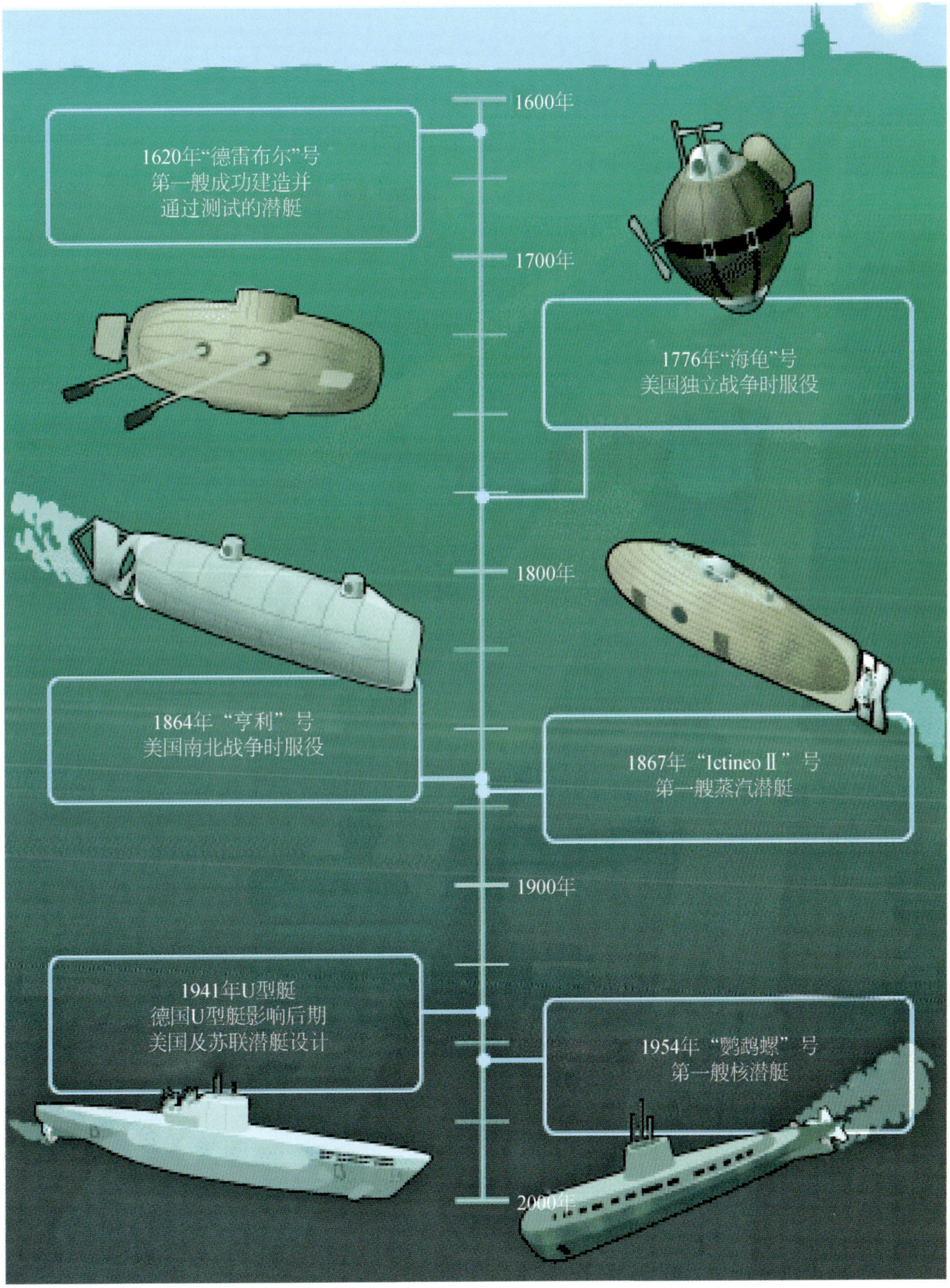
1600年
1620年"德雷布尔"号
第一艘成功建造并
通过测试的潜艇
1700年
1776年"海龟"号
美国独立战争时服役
1800年
1864年 "亨利" 号
美国南北战争时服役
1867年 "Ictineo Ⅱ" 号
第一艘蒸汽潜艇
1900年
1941年U型艇
德国U型艇影响后期
美国及苏联潜艇设计
1954年 "鹦鹉螺" 号
第一艘核潜艇
2000年

> 图15　潜艇发展史

稳步推进

潜艇发展历程

世界各国的潜艇发展主要经历了以下几个阶段。

第一阶段：幻想成真

18世纪中期之前，人们怀着对大海的好奇与向往之情，开始迈出了探究深海的脚步，逐渐变幻想为现实。

早在公元前350年，亚历山大大帝就实现了俯卧晶莹剔透玻璃容器饱览海底奇景的梦想。15—16世纪，达·芬奇更是提

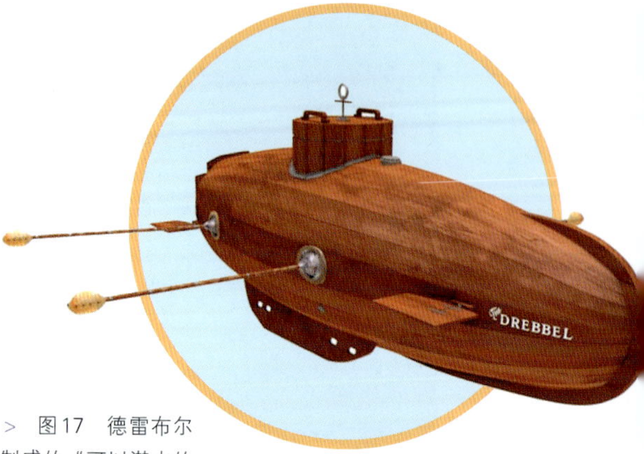

> 图17 德雷布尔制成的“可以潜水的船只”（一）

> 图16 亚历山大大帝俯卧晶莹剔透玻璃容器

> 图18 德雷布尔制成的“可以潜水的船只”（二）

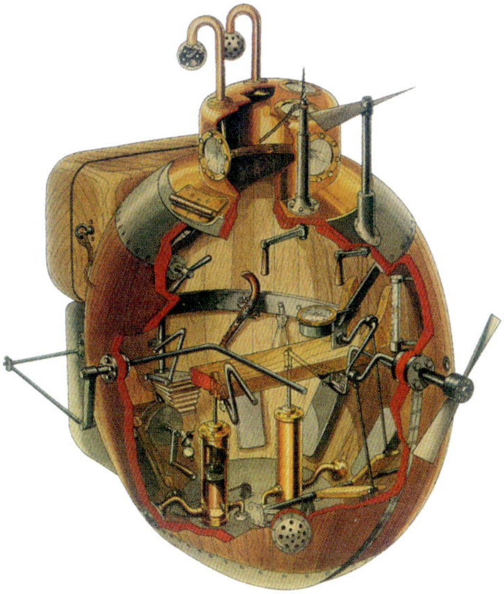

> 图19 美国“海龟”号潜艇

> 图20 美国“亨利”号潜艇

出了“可以水下航行的船”的构思。此后潜艇兴趣者们又用文字记录了对潜艇的描述。1620年荷兰物理学家德雷布尔更是化理论为现实，成功研制了牛皮制的“可以潜水的船只”（submersible vehicles）。18世纪70年代，美国人建造了军用潜艇“海龟”号，揭开了潜艇实战的序幕。

第二阶段：技术探究

18世纪末至19世纪末，尽管潜艇还不为许多国家所重视，但这个阶段却是潜艇研制的重要时期，从早先的缓慢发展步入正常发展时期。潜艇设计者通过一次次新技术的探究与尝试，促成了当时潜艇技术的长足发展，为现代潜艇的诞生打下了坚实的技术基础。

这个阶段涌现出了许多早期潜艇，如美国“鹦鹉螺”号、“亨利”号、霍兰级、“小亚古尔爸爸”号、“亚古尔”号，德国“海妖”号，法国“潜水员”号等。这个阶段的潜艇结构简单、工作环境差、稳定性能不好、操纵困难，但潜艇研发者们尝试了风帆、蒸汽动力、双推进等多种动力形式，以及水平舵、升降舵等各种平衡方式，还加装了加农炮、鱼雷，通过一次次的创新与应用，促进了潜艇的逐步成形，为潜艇成为后续战争的新宠作出了贡献。

第三阶段：崭露头角

19世纪末至一战，潜艇崭露头角，从辅助性兵种一下跃升为各国纷纷大力发展的宠儿，风光地登上了海战的大舞台。

在法国大力发展潜艇的引领下，英国、俄国、德国也顿悟，抛弃“大舰巨炮”的观念，着力发展潜艇。特别是德国，后来者居上，到一战期间已拥有300余艘潜艇，而且战绩辉煌。

表1 一战时各国潜艇兵力情况 （艘）

国家		战前	战中建造	损失
协约国	英国	77	131	54
	法国	64	24	14
	意大利	18	61	8
	俄国	26	20	20
	美国	48	66	
	日本		3	
同盟国	德国	26	313	178
	奥匈帝国	6	24	12
	土耳其		2	2
共计		265	644	288

总体而言，这个阶段的潜艇取得了重大的发展，但仍然开不快、行不远，潜航时间短，携带的鱼雷也很少，基本只能用来保护本国的海岸，担负基地附近的巡逻等任务。

第四阶段：大显神威

一战后到二战期间，各国更加重视潜艇的研制，潜艇性能得到了较大的提高，种类与数量也得到了惊人的发展，其作战用途越来越广泛。在此期间，反潜战也迅猛发展，潜艇也遭遇到了强劲的对手——航空母舰。

整个二战期间，各国共建造了1 600多艘潜艇，此时潜艇的机动性、隐身性，以及动力等技术均有了长足的进步，但是由于二战后期反潜战的异常高涨及航空母舰的出现，也使潜艇的缺陷暴露无遗，为后续潜艇的发展做好了铺垫。此外，袖珍潜艇在这个阶段也得到了一些发展。

第五阶段：走向辉煌

二战后，各潜艇国家从实战中吸取经验，从舰体、动力装置、武器装备、观通导航设备等方面进行全方位的改进，极大提升了潜艇的战技性能，现代潜艇也随之诞生。20世纪50年代中期，核潜艇的出现更是把潜艇海上作战能力推向了高峰，很快成为潜艇家族的主角。

苏联在二战后异军突起，大量发展潜艇，一跃成为世界上拥有潜艇实力最强的海军强国之一。

而美国发展潜艇更重视质量，通过多试少建的方针，不断提升潜艇的战技性能，与苏联不断地比拼潜艇实力。此外，中国、英国、法国等国都非常重视潜艇的研制。

总之，不同的国家有不同的国情，其潜艇发展的思路也各有不同。通过数百年的技术积累与沉淀，美国、苏联、法国、英国、德国等国走出了一条各有特点的潜艇发展之路。

> 图21 现代潜艇

独占鳌头

美国潜艇的发展

在世界潜艇发展史上，美国是最早研制和建造军用潜艇的国家之一，也是最早将潜艇大规模投入战争的国家。尽管在20世纪上半叶，美国潜艇技术发展并不领先，但到20世纪下半叶，在强大的科技、经济实力及称霸全球勃勃野心的驱动下，美国率先研制出了核潜艇，掀起了潜艇动力革命性的转变。美国的现役潜艇全部使用核动力，潜艇技术更是突飞猛进，与俄罗斯作为双雄并肩屹立在世界之巅。

早期的技术探究

美国对新技术极为敏感，很早就预见到潜艇在军事上的潜在价值，是潜艇技术的开拓者。早在1776年，美国人就制成了世界上第一艘军用潜艇——“海龟”号，并由人操纵参与了实战，尽管没有直接炸毁敌舰，但促成了潜艇的诞生，开启了潜艇历史的篇章。

1800年，美国人在“海龟”号改进的基础上又建成了采用铜船体、水平舵、风帆推进的“鹦鹉螺”号潜艇。该潜艇是早期潜艇的典范，形如雪茄，艇长6.89米，最大直径3米，用压载水柜控制浮沉，能

> 图22 “海龟”号潜艇

潜至水下8～9米处。外壳是铜的，框架是铁的。艇上带有压缩空气，可供4个人和2支蜡烛在水下使用3小时，里面的人还可靠皮革通气管输送氧气进行呼吸。它的攻击方式与“海龟”号极为相似，采用水雷。不同的是，“鹦鹉螺”号首次使用水平舵，能够操纵潜艇保持或改变在水中

的深度。无论从艇体材料还是各种设备来说，“鹦鹉螺”号潜艇都已超过了“海龟”号，在很多方面已接近现代潜艇。

虽然“鹦鹉螺”号潜艇在实战中仍未取得效果，但它不失为潜艇发展史上的一件杰作，为潜艇的现代化发展作出了重要的贡献。

> 图23　“鹦鹉螺”号潜艇模型

1864年，正值美国南北战争之际，南军研制出的“亨利”号潜艇引爆水雷炸毁了一艘军舰，开创了潜艇击沉水面舰船的先例。19世纪末，爱尔兰籍美国人约翰·霍兰更是再接再厉，在20年时间里先后研制成了6艘霍兰级潜艇，初步具备攻击水面舰艇的能力，标志着现代潜艇的诞生，霍兰也被尊称为“现代潜艇之父”。同一时期，美国青年单枪匹马研制出了首次使用空气闸门的“小亚古尔爸爸”号与首次使用压载水箱、空气管和指挥台围壳的“亚古尔”号，也为潜艇发展作出了贡献。

> 图24 霍兰级潜艇纵剖图

> 图25 在潜艇上的约翰·霍兰

> 图26 霍兰级潜艇

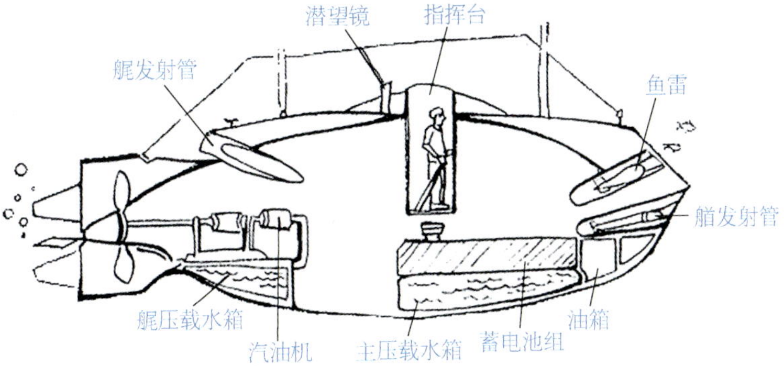

> 图27 霍兰级潜艇的草图

> 图28 美国霍兰级潜艇SS–1（一）

> 图29 美国霍兰级潜艇SS–1（二）

尽管美国早期潜艇成果卓尔，但美国海军却迟迟不予采用。直到俄国、英国等国都装备潜艇之后，美国才在1900年订购了第一艘霍兰级潜艇。

两次大战时期

一战初，美国拥有潜艇48艘，后又建造了66艘，尽管潜艇数量突破百艘，但由于没有充分运用潜艇的战技性能，美国潜艇在一战中战果平平。此后，美国海军总结经验，在二战期间建造了S级潜艇，成为当时美国潜艇部队的骨干。

在二战中，为了争夺太平洋上的制海权，削弱日本舰队的作战能力，美国海军潜艇在加强水面机动性能、续航能力，以及通信设备、声呐、雷达等方面苦练内功。

> 图30 美国S级潜艇

图31　美国小鲨鱼级潜艇

20世纪40年代服役的小鲨鱼级就是美国二战最具代表性的潜艇，也是美国当时排水量最大的潜艇，共建成了195艘。二战中美国潜艇采用“狼群”战术围攻日本商船，几十艘强大的小鲨鱼级潜艇翻江倒海，打得敌舰千疮百孔。该型艇在战斗中损失29艘，其他艇在二战后通过改装一直服役到20世纪60年代末，最后被赠送或出售给了其他国家。

在整个二战期间，美国海军共击沉日本运输船只1 150余艘，占日本全部运输船只损失总量的57%。此外，美军潜艇还击沉日本舰艇200余艘，战绩十分骄人。

图32　美国小鲨鱼级潜艇作战图

小贴士

小鲨鱼级潜艇

全长95米，宽8.3米，排水量略大于一战时期的潜艇，水下排水量约2 424吨。1941—1944年共计划建造251艘，实际建成195艘。该级潜艇规格统一，以满足战时大量建造所需，具有航速较高、攻击范围较大、武器装备相对精良等特点，是二战中美国海军水下舰队的主力。

蓬勃发展期

二战以后，美国潜艇进入了快速发展期，采用多试少建的方针，不断从试验中提高潜艇的战技性能，特别是冷战时期美苏两国的深海争霸，更是把美国潜艇的发展推向了高潮，潜艇性能大幅度提高。

美国在二战后建造的第一批常规潜艇是刺尾鱼级，这一级常规潜艇与苏联战后首批常规潜艇一样，是在吸取德国潜艇技术的基础上建成的。

另外，美国还建造了飞航导弹潜艇、反潜潜艇、雷达哨潜艇、多用途攻击潜艇和各类试验潜艇等常规潜艇共19艘。这些

> 图34　美国第一艘鱼雷攻击型核潜艇“鹦鹉螺”号

> 图33　美国刺尾鱼级潜艇

> 图35 美国乔治·华盛顿级弹道导弹核潜艇

常规动力潜艇最终全部退役或出售给了其他国家。

1954年，美国第一艘鱼雷攻击型核潜艇“鹦鹉螺”号建成下水，成为世界上第一艘核潜艇，与其总工程师“核潜艇之父”海曼·乔治·里科弗，一齐被载入潜艇发展史册。此后，美国全力发展核潜艇，成体系、成规模发展弹道导弹核潜艇和攻击型核潜艇。

弹道导弹核潜艇

对于弹道导弹核潜艇，1959年至今，美国已经发展了乔治·华盛顿级、伊桑·艾伦级、拉菲特级，以及俄亥俄级等四代，其中前三代均已退役，而俄亥俄级是目前美国战略核潜艇部队的主力。

现今美国正在研发哥伦比亚级核潜艇，作为美国第五代弹道导弹核潜艇，将

小贴士

美国已退役的三代弹道导弹核潜艇

乔治·华盛顿级为第一代，于1959—1961年共服役5艘，水下排水量为6 800吨，装备有16枚“北极星”A1/A3导弹，射程为1 200/2 500海里。伊桑·艾伦级为第二代，于1961—1963年共服役5艘，水下排水量约7 900吨，装备有16枚“北极星”A2/A3导弹，射程分别为1 500/2 500海里。拉菲特级及其改进型为第三代，于1963—1967年服役31艘，水下排水量约8 400吨，装备有“北极星”A2/A3导弹，后全部换装“海神”导弹，其射程虽与“北极星”A3相当，但是它采用了分导式弹头，每枚导弹携带10～14枚分导式弹头，威力大大提高。

> 图36 美国俄亥俄级弹道导弹核潜艇

用于替代俄亥俄级。

攻击型核潜艇

对于攻击型核潜艇，美国发展起步最早，技术水平始终居于世界领先地位。从1954年美国建成“鹦鹉螺”号以后，其攻击型核潜艇共经历了鳐鱼级、鲣鱼级、长尾鲨级、鲟鱼级、洛杉矶级、海狼级等六代。其中前四代已退役。

鲟鱼级为第四代，于1963—1975年建成37艘，水下排水量约600吨，水下航速26节，装备4具鱼雷发射管，可发射MK-48线导鱼雷、“鱼叉”反舰导弹或“战斧”巡航导弹。该级艇探测能力强，隐身性能好，曾参加海湾战争。

> 图37 美国鳐鱼级攻击型核潜艇

> 图38　美国鲟鱼级核潜艇

> 图39　美国洛杉矶级核潜艇

洛杉矶级是美国第五代攻击型核潜艇，从1972年开始建造，共建成62艘，是美国有史以来建造延续时间最长、生产批量最大、技术上最成功的核潜艇。目前，仍有32艘洛杉矶级潜艇在美国潜艇阵容中承担主力角色。

海狼级是美国第六代攻击型核潜艇，为打破苏联核潜艇独霸北极冰下的局面而研制的，首艘于1997年服役，原计划建造29艘，后由于苏联解体及经费原因，改为3艘。其水下排水量约9 200吨，水下航速达39节，下潜深度约500米，装备8具660毫米鱼雷管，可携带鱼雷、水雷、“战斧”巡航导弹、“鱼叉”反舰导弹等多种武器。它不仅是敌方弹道导弹核潜艇的克星，而

小贴士

美国已退役的四级攻击型潜艇

鳐鱼级为第一代，于1957—1959年共服役4艘，是美国首级批量生产的核潜艇，水下排水量为2 850吨，水下航速为22节，最大潜深约200米，装备8具鱼雷发射管。鲣鱼级为第二代，于1959—1961年共服役6艘，是美国首次采用水滴型型线和S5W标准型压水堆的一型高速核潜艇，水下航速达33节，装备6具鱼雷发射管。长尾鲨级为第三代，于1961—1967年共服役14艘，水下排水量为4 300吨，水下最大航速为28节，下潜深度约400米，首次采用“沙布洛克”反潜导弹，装备了多用途综合声呐和水下射击指挥系统，因而反潜能力和探测能力有了较大提高。

> 图40　美国海狼级核潜艇

且能有效地突破反潜障碍，是美国海军实施前沿威慑的理想兵力。

为了接替洛杉矶级，自20世纪90年代开始，美国开始研制新一代弗吉尼亚级攻击型核潜艇，计划建造5个型号共66艘，目前已服役17艘。该级艇排水量稍小，约7 900吨，费用略低，但性能更优越、用途更广大，是美国冷战后设计的第一种可用于近海作战的多用途潜艇，装备有12个巡航导弹垂直发射筒、4具533毫米鱼雷发射管，可携带38枚鱼雷和导弹，能执行隐蔽打击、反潜、侦察、电子战、反舰、特种作战、布雷和支援航母战斗群等多种任务。

> 图41　美国弗吉尼亚级核潜艇

异军突起

俄罗斯（苏联）潜艇的发展

俄国发展潜艇相对较晚，20世纪初才有了第一艘潜艇，但二战后苏联从德国获得了大量的潜艇建造技术，很快超越其他国家，一跃成为世界上拥有潜艇实力最强的海军强国之一。目前俄罗斯仍然是世界上拥有核潜艇最多的国家之一，其海军是名副其实的“潜艇海军”，其海军潜艇部队是一支能游弋全球海洋的远洋潜艇部队，令世界瞩目。

特别是在核潜艇方面，从1955年起步，到目前为止，已建造240余艘，占世界核潜艇总数的一半以上，在某些技术领

> 图42　俄罗斯现代核潜艇

域甚至超越了美国。

早期的技术探究

1901年，俄国从法国发展潜艇中领悟到潜艇在军事作战中的重要性，开始建造了自己的第一艘潜艇“彼得堡”号——排水量60吨、装有2枚鱼雷。此后10年左右时间里，又分别建造了“海豚”型及6艘改进型、1艘“八目鳗”号、1艘布雷潜艇等，另外还从美国购买了霍兰级和莱克级潜艇，从德国购买了日耳曼级潜艇，并把这些潜艇应用于实战中。

一战前，俄国海军已拥有潜艇几十艘，但总体而言吨位相对小，动力系统可靠性较差，适航性差，鱼雷等武器的实战效果也不尽如人意。

> 图43 俄国早期潜艇（一）

> 图44 俄国早期潜艇（二）

两次大战时期

到一战中，俄国已拥有潜艇近50艘，但潜艇表现十分平庸，还战损了约20艘。战后，苏联潜艇兵力所剩无几。1919年，由于英国干涉苏联的革命，苏联潜艇伏击英国驱逐舰成功，取得了一战后潜艇攻击水面战斗舰艇的第一次胜利，总算是振奋了人心。

此后，苏联海军把潜艇作为重点进行大力发展，从1930年的21艘，到1940年的150艘，1941年发展到了218艘的规模，成为当时世界上潜艇数量最多的国家之一，而且其潜艇装备和水下、水上作战性能都比较优良。当时苏联潜艇主要担负破

> 图45 苏联一战期间的潜艇

图46　苏联二战时的潜艇（一）

图47　苏联二战时的潜艇（二）

坏敌人海上交通线和保护己方海岸线、对围困城市实施援助、布雷和侦查等任务。

二战中，苏联击沉运输舰船300多艘、中小型护航舰艇约100艘，战果累累。但至惨烈的二战结束，苏联潜艇仅剩70余艘。

蓬勃发展期

二战后，美苏进入冷战时期，两国大搞军备竞赛，特别是在潜艇上两国争先恐后，促进了苏联潜艇舰队的空前发展。苏联除大规模发展核潜艇外，同时还发展了大量的常规攻击型潜艇，以及形态、功能和用途各异的特种潜艇。

核潜艇

20世纪50年代，在美国核技术发展的驱动下，苏联把核潜艇列入海军装备发展的重点。在美国“鹦鹉螺”号下水之际，苏联便作出了秘密研制核潜艇的决定，此后弹道导弹、鱼雷等各类核潜艇蓬勃发展起来。

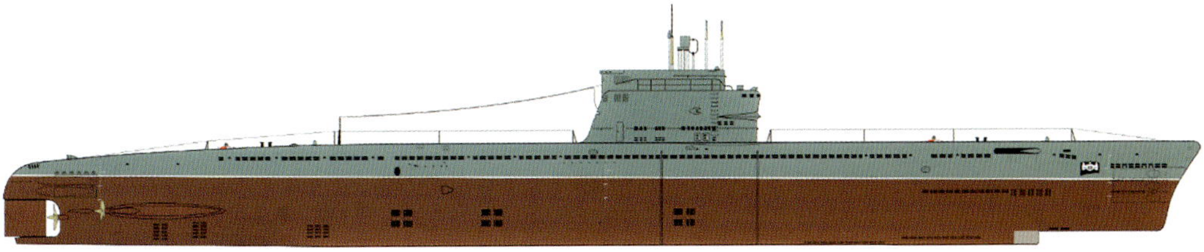

图48　苏联二战后的潜艇

弹道导弹核潜艇 20世纪50年代中期，苏联几乎和美国同时开始了弹道导弹核潜艇的研制，按照一型导弹装备一型潜艇的设计原则，先后发展了H级、Y级（又称“扬基级”）、D级，以及台风级等几代弹道导弹核潜艇，其中H级、Y级已全部退役，D级以及台风级尚在服役中。此外，俄罗斯现正在发展新一代弹道导弹核潜艇——北风之神级。

D级是苏联的第三代弹道导弹核潜艇，也是型号最多的一种，共有DⅠ、DⅡ、DⅢ、DⅣ等四个型号，于1972—1990年共服役43艘，水下排水量1万～2万吨，

> 图50 俄罗斯H级核潜艇

> 图49 俄罗斯北风之神级核潜艇

> 图51 俄罗斯Y级核潜艇

> 图52 俄罗斯D级核潜艇（一）

> 图53 俄罗斯D级核潜艇（二）

装备有SS-N-8、SS-N-18、SS-N-23等导弹，目前尚有7艘在服役。

在D级后，苏联又发展了台风级，介于第三代与第四代之间，是世界上排水量最大的潜艇，同级艇共6艘，目前有1艘在役。

北风之神级是俄罗斯的最新一级弹道

> 图54 俄罗斯台风级核潜艇

小贴士

苏联的第一代弹道导弹核潜艇

简称H级，建造于1958—1962年，共发展了3个型号8艘，采用了SS-N-4“萨克”导弹，后有7艘改装了SS-N-5“塞尔布”导弹（射程达650海里），1艘改装了SS-N-8增程“索弗莱”导弹（射程达4 200海里）。

> 图55 俄罗斯北风之神级核潜艇

导弹核潜艇，预计建造10艘，目前已服役3艘。该级艇是俄罗斯继承苏联衣钵后研制的第一级弹道导弹核潜艇，用于接替台风级，是俄罗斯史上综合性能最强大的核潜艇。

攻击型核潜艇

自20世纪50年代中期以来，苏联共建成攻击型核潜艇160多艘，目前仍有20多艘在役。主要包括鱼雷攻击型核潜艇、巡航导弹攻击型核潜艇等类型。

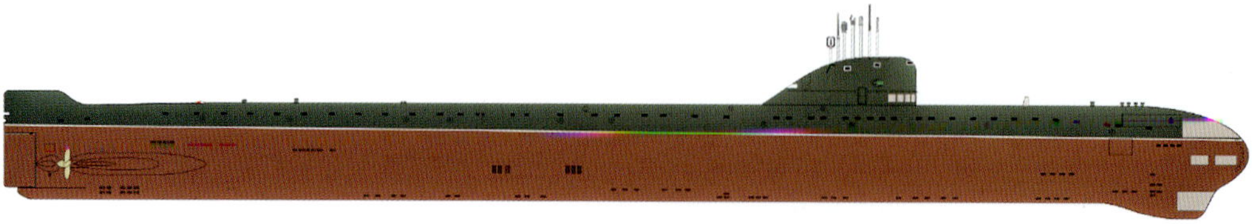

> 图56 苏联N级核潜艇

图57　俄罗斯阿库拉级核潜艇

苏联的鱼雷攻击型核潜艇有N级、V级、A级、S级、阿库拉级、雅森级等多个级别。目前N级已全部退役。

V级及A级属于第二代。V级是苏联首次制成的水滴型双壳体潜艇，分为Ⅰ、Ⅱ、Ⅲ型，1965—1991年共建造了48艘，目前有3艘在役。A级是世界上成批建造的攻击型核潜艇中吨位最小、航速最快、下潜最深、自动化最高，以及采用钛合金艇体的核潜艇，也是苏联迄今为止满编作战人数最少、效费比最低的核潜艇，于1971—1980年共建成7艘，水下排水量约3 200吨，目前已全部退役。

S级与阿库拉级属于第三代/第四代。S级是苏联为对付美国的俄亥俄级弹道导弹核潜艇而设计的，主要执行远洋反潜作战任务。它有Ⅰ、Ⅱ两型，在1984—1993年服役了4艘，目前仍有2艘在役。该级艇采用钛合金艇壳，水下排水量约9 000

小贴士

N级核潜艇

N级核潜艇是苏联的首批核潜艇，也是苏联的第一代攻击型核潜艇，也称为十一月级。首艇于1958年服役，水下排水量5 750吨，航速约30节，最大潜深约300米，装备有10具鱼雷发射管。相比美国第一代鳐鱼级和第二代鲣鱼级更先进。

> 图58 俄罗斯A级核潜艇

吨，各方面性能如武器、航速、电子设备等均比较出色，但因造价昂贵，所以建造数量较少。

阿库拉级是苏联20世纪80年代装备的，共计划建造3型15艘，后取消了5艘，首制艇于1984年服役，目前仍有4艘在役。该级艇排水量1万吨，采用了典型的水滴型结构及大侧斜螺旋桨，噪声大为改善，可发射SS–N–21潜对地巡航导弹，作战威力也很强。

雅森级属于第四代/第五代，由阿库拉级发展而来，是攻击型与巡航导弹型的结合体，也是一级全新的多用途攻击型核潜艇。从1993年开始，预计建造10艘，目前已服役1艘。该级艇水下排水量11 800吨，水下航速28节，具有安静、深潜、打击威力强、自动化程度高等许多明显的新特点。它不仅能与低噪声常规潜艇和水面舰艇作战，而且可对岸上目标实施导弹突击，还能执行一定的战略打击任

> 图59 俄罗斯S级核潜艇

> 图60　俄罗斯阿库拉级核潜艇

务，具有参与解决各种地区性危机的能力。它的建造预示着俄罗斯今后不会再建造专用型巡航导弹核潜艇了。

苏联的巡航导弹核潜艇有回声Ⅰ级、回声Ⅱ级、P级、C级、O级等多个型号。目前除了O级外，其他潜艇已全部退役。O级核潜艇是苏联巡航导弹核潜艇中性能最先进的一种，1982—1996年共服役了13艘，目前

> 图61　俄罗斯雅森级核潜艇

小贴士

苏联已退役的巡航导弹核潜艇

回声级是世界上第一级巡航导弹核潜艇，主要用于攻击水面目标和陆上目标，分为Ⅰ、Ⅱ两型，1961—1968年共建造34艘。P级潜艇是世界上第一艘以钛合金作为艇体材料建造的潜艇，1969年服役1艘，由于成本高、噪声大、结构复杂等缺陷，未批量生产，是当时世界上水下航行速度最快的核潜艇。C级是苏联第三代巡航导弹核潜艇，具有水下发射导弹能力，隐身性较好，攻击能力强大，1968—1979年共建造了17艘。

> 图62 俄罗斯O级核潜艇（一）

有8艘在役，水下排水量约16 500/19 400吨，水下航速约32节，潜深830米，装备4具533毫米鱼雷发射管和2具650毫米鱼雷发射管，主要用于对付航母编队及大型舰船。由于俄罗斯暂不考虑研制专用的巡航导弹核潜艇，O级或将成为俄罗斯潜艇史上最后一级巡航导弹核潜艇。

常规动力潜艇

与美国一样，苏联的常规动力潜艇都是在德国潜艇的基础上发展起来的。相比美国中止了常规动力潜艇的发展，苏联则是采用“两条腿走路”的原则，在发展核潜艇的同时，对常规动力潜艇也投入了相当的精力。苏联常规动力潜艇的种类较

> 图63 俄罗斯O级核潜艇（二）

多，大致可分为常规动力弹道导弹潜艇、常规动力巡航导弹潜艇和常规动力鱼雷攻击潜艇等。

20世纪50年代，苏联发展了G级常规动力弹道导弹潜艇，它是全世界第一艘弹道导弹潜艇，也是全世界唯一一艘柴电动力的弹道导弹潜艇，共有5个型号24艘，至20世纪90年代已全部退役。

> 图64　俄罗斯W级潜艇

苏联的常规动力巡航导弹潜艇共有两级，即J级和W级。20世纪50—60年代，J级服役了16艘，W级服役了215艘，目前已全部退役。

苏联的常规动力鱼雷攻击潜艇是各类潜艇中级别最多的，有W级、R级、Z级、F级、T级、K级（又称“基洛级”）、拉达级等多个级别。目前在役的有K级和拉达级。

K级是苏联在20世纪70年代开始研发的第三/四代常规潜艇，1980年至今共建成71艘，除了自己使用外，还出口

> 图65 俄罗斯K级潜艇（一）

至中国、印度、越南、伊朗和阿尔及利亚等多个国家。该艇水下排水量3 000～3 950吨，水下航速约20节，最大潜深300米，采用双壳体结构，水滴型艇型，是世界上最安静的柴电动力潜艇之一。目前俄罗斯尚有24艘在役。

> 图66 俄罗斯K级潜艇（二）

继K级艇后又推出了拉达级常规动力潜艇，是俄罗斯自苏联解体后研制的第一级柴电动力潜艇，也是二战后第四代常规动力潜艇，2010年首舰服役，目前另外2艘正在建造中。该级艇水下排水量约2 700吨，水下航速约20节，加装了燃料电池舱段，采用了一批新技术、新材料、新工艺，以及从西方进口的新设备，装备有6具533毫米鱼雷管，可携载18枚鱼雷、44枚水雷或10枚巡航导弹，总体性能和作战能力达到了俄罗斯常规潜艇的最高水平，是21世纪初俄罗斯海军最新型的常规动力潜艇。

> 图67 俄罗斯拉达级潜艇

不甘示弱

英国潜艇的发展

作为老牌帝国，英国曾以拥有强大的水面舰队而称霸世界，对潜艇的态度漠然视之、不感兴趣，认为潜艇只不过是无足轻重的幕后小角，登不上大雅之堂，因此早期只有零星的潜艇爱好者在推动着英国的潜艇之路。

到20世纪初，面对着世界各国纷纷建造潜艇，英国也不得不跟上步伐，摒弃“潜艇是弱小国家兵器”的观念，开始大力发展潜艇。

> 图68 英国现代潜艇

早期的技术探究

英国人对新事物的意识一向比较早。早在1578年，英国人威廉·伯恩就在出版的一本书中对潜艇进行了首次确切的文字描述：一艘能潜入水中并能随意浮出水面的艇。1866年，英国人怀特·赫德制成了世界上第一枚鱼雷，并于1886年首次成功用于“诺德费尔特”号这艘早期潜艇上，是潜艇史上的一项重要发展。但总体而言，19世纪末之前英国对潜艇并未足够

> 图69 英国“诺德费尔特”号潜艇（一）

> 图70 英国“诺德费尔特”号潜艇（二）

> 图71 “诺德费尔特”号潜艇用过的鱼雷

重视。

1898年，法国潜艇用鱼雷击沉了英国的“马琴他”号战列舰，给傲慢的英国人上了刻骨铭心的一课，英国人终于醒悟过来了。1901年，英国海军购买了5艘霍兰级潜艇，组建了潜艇部队，并以此为基础开始了英国潜艇发展之旅；建成的A级潜艇比霍兰级要大、性能有所改进；C级潜艇水下排水量近300吨、装备2具鱼雷发射管；又建造了排水量500吨、采用双层壳体、由柴油机取代汽油机的D级，标志着英国潜艇技术的巨大进步；在此基础上又建成了排水量650吨的E级和航速达20多节的K级。

> 图72 英国海军服役的第一艘潜艇

> 图73 英国A级潜艇

两次大战时期

当一战爆发时，英国建成的潜艇数量居世界各国前列，拥有潜艇77艘。一战中，英国又建造潜艇131艘，数量达到200多艘。

1914年，英国巡洋舰“伯明翰”号用火炮炸沉了德国潜艇，开创了海战中水面舰艇击沉潜艇的先例，但很快德国潜艇便炸沉了一艘英国舰船，报了“一箭之仇”。一战中，德国潜艇肆无忌惮，严重破坏了英国的海上交通运输，英国被搞得手忙脚乱，潜艇损失也较惨重，战损50多艘。

> 图74 英国一战时期的潜艇

> 图75　英国一战后的潜艇（一）

> 图76　英国一战后的潜艇（二）

> 图77　英国一战后的潜艇（三）

英国屡次受到潜艇的挫败，特别憎恨潜艇，认为它应该从世界海军中彻底消除，甚至在1921—1930年的国际会议上多次提出“废除潜艇”的提议，但遭到了各国的否决。英国同时还进行了大量潜艇探测技术、反潜技术的研究，在当时取得了一定的成效。

尽管憎恨潜艇，但英国并没有放弃发展潜艇，二战前夕，英国海军潜艇部队拥有69艘潜艇。二战期间，英国又建成各类潜艇165艘（不含袖珍潜艇）。这个阶段的潜艇既可以配合水面舰队作战，也可以担负破袭、反潜、布雷等任务。在二战中，英国潜艇共击沉运输商船360艘、水面战

> 图78 英国二战期间的潜艇

斗舰艇36艘、德国和意大利潜艇40多艘，尽管自己也损失潜艇76艘，但总体战果颇丰。

二战中，英国海军还指挥了一支流亡国家（被德、意占领的国家）的潜艇部队，在大西洋、地中海和远东地区参加对德国、意大利、日本作战，取得了一定的战绩。

> 图79 英国“无畏”号攻击型核潜艇

蓬勃发展期

20世纪60年代以来，英国海军的战略目标一直是积极发展独立的海上核力量，一方面是为了对付苏联，另一方面也是为了稳固自己在北约内部的地位，因此，即使在国内十分困难的情况下，仍跟随美国积极发展弹道导弹核潜艇。

作为世界上第三个拥有核武器的国家，英国不像美国那样发展核三位一体的战略力量，而是把战略核武器全部部署在核潜艇上。自1963年服役第一艘核潜艇“无畏”号以来，英国已发展了7个型号29艘核潜艇。

弹道导弹核潜艇

至今，英国已发展了两代弹道导弹核潜艇，分别是决心级和前卫级。决心级于

> 图80 英国前卫级弹道导弹核潜艇

1967—1969年共服役4艘，目前已全部退役。前卫级是英国的第二代弹道导弹核潜艇，于1993—1999年共服役4艘，水下排水量约16 000吨，装备弹道导弹发射筒，可携带16枚“三叉戟”导弹。

目前英国正在发展第三代弹道导弹核潜艇继承级，以替代前卫级，第一艘已于2016年下水。该潜艇首创采用泵喷推进技术，可有效降低辐射噪声，安静性和隐蔽性尤为出色。

攻击型核潜艇

继“无畏”号核潜艇之后，英国开始批量建造攻击型核潜艇，先后发展了四

> 图82 英国敏捷级潜艇

> 图81 英国勇士级潜艇

> 图83 英国特拉法加级核潜艇

代。前二代是勇士级与敏捷（快速）级，水下排水量约5 000吨，目前已全部退役。

第三代为特拉法加级，于1983—1991年服役了7艘，现有3艘在役，水下排水量约5 200吨。该艇具有较好的攻击能力和隐身性能。

目前，英国正在研制新一代的机敏级攻击型核潜艇，计划建造7艘，自2010年至今已服役3艘，水下排水量约7 500吨，水下航速约29节，潜深超过300米，配备6具533毫米鱼雷发射管，鱼雷舱搭载量增至38枚，作战能力、隐蔽性等各方面性能

> 图84 英国机敏级攻击型核潜艇

> 图85 英国2400型常规动力潜艇

进一步得到了提高。

与美国一样，自从有了核潜艇以后，英国不再重视常规动力潜艇的发展，随着20世纪90年代最后4艘2400型常规动力潜艇的全部退役，英国水下兵力也全部变成了核潜艇。

独立自主

法国潜艇的发展

法国研制潜艇的道路与众不同，别出心裁，极具特点。目前法国的潜艇也全部采用核动力。

早期的技术探究

19世纪—20世纪初，法国对潜艇研制曾一度处于领先地位，拥有一批有名的潜艇设计家，如齐德、泽代、洛伯夫等。

1863年法国建成了一艘以压缩机为动力的“潜水员”号潜艇，摆脱了人力推进的困境，开启了潜艇采用动力推进的新篇章。1888年建造了“鳗鱼”号潜艇并被编入法国海军现役。1899年建成了双壳体的“纳维尔”号潜艇并进行了鱼雷发射，使早期潜艇作战能力向前迈进了一大步。1902年建成了采用柴油机的“白鹭”号潜艇，奠定了潜艇水面航行动力的基础。

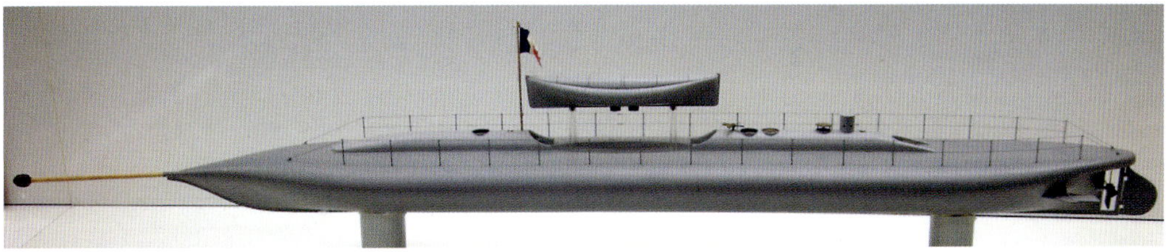

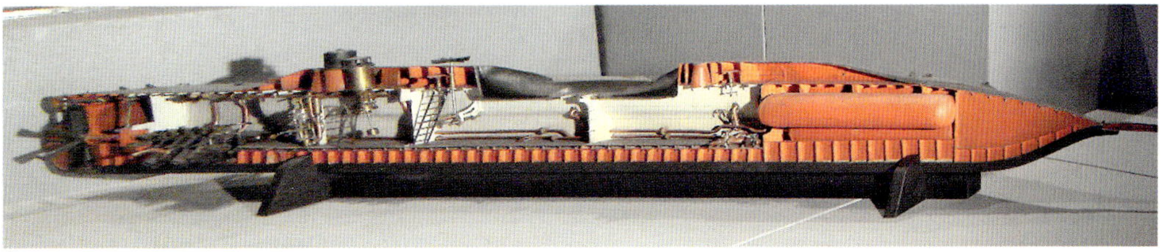

> 图86　法国“潜水员”号潜艇

20世纪开始，法国更是建造了大批潜艇，仅1900—1905年就建成了30多艘。1907—1912年又建成了450吨的雨月级。到一战前夕，法国海军潜艇数量达到了64艘。

> 图87　法国一战前的潜艇

两次大战时期

在一战中，法国作为协约国的一方参战，期间又建造潜艇24艘，但总体战果平平，战损的潜艇有14艘。

二战之前，法国海军潜艇部队在建设方面称得上是一流水平，不论是数量还是质量都处于前列，拥有78艘潜艇，分为巡洋潜艇、一级潜艇、二级潜艇、布列潜艇等四个等级，此外还有25艘在建。其巡洋潜艇“苏果夫”号是当时世界上最大的潜艇，备有22枚鱼雷和177.8毫米口径火炮。

但在二战中，法国潜艇并没有发挥很好的作用，结局也比较凄惨，被击沉和因

> 图88 法国一战时期的“白鹭”号潜艇

> 图89 法国一战时期的潜艇

事故沉没的潜艇达36艘（包括被德国、意大利俘获的9艘），被艇员自沉和炸毁的达26艘。战争结束时，法国潜艇仅剩10多艘，到1946年底只剩下7艘。

> 图90 法国“苏果夫”号潜艇

蓬勃发展期

二战后，为了摆脱美国对其在军事上的控制，法国踏上了独立自主发展海军的道路。它结合本国的特点，适时地研制出了不同型号的潜艇，成为唯一先发展弹道导弹核潜艇后再发展攻击型核潜艇的国家。

> 图91　法国威严级核潜艇

弹道导弹核潜艇

20世纪60年代至今，法国已发展了三代弹道导弹核潜艇。第一代是威严级，1964年开工建造，能携带16枚百万吨单弹头的M–20导弹，现有1艘在役；后在威严级基础上，于1980—1985年建造了不屈级，共建造了5艘，现有3艘在役，装备有16枚M–4导弹，每枚导弹携带6枚威力为15万吨TMT当量的分导式弹头。

第三代是凯旋级，用于取代威严级。1994—2008年共服役了4艘。其水下排水

> 图92　法国凯旋级核潜艇（一）

> 图93 法国凯旋级核潜艇（二）

量为14 335吨，航速超过25节，下潜深度超过400米，装备有16具导弹发射筒，携带有10枚威力为15万吨TMT当量的分导式弹头。凯旋级是法国在役的最先进的战略核潜艇。

攻击型核潜艇

法国攻击型核潜艇的研究从1954年就开始了，但经历了一些波折，直至20世纪70年代，第一代红宝石级攻击型核潜艇才诞生，于1983—1993年共服役6艘，是世界上最小的攻击型核潜艇。

现在法国正在建造新一代攻击型核潜艇梭鱼级，以替代红宝石级，计划建造6艘，预计2020年首艇服役。梭鱼级水下排水量达到5 300吨，采用K-15压水堆改进型，可容纳多种武器，装有4具533毫米鱼雷发射管，在隐身能力、指挥支援系统

> 图94 法国红宝石级核潜艇

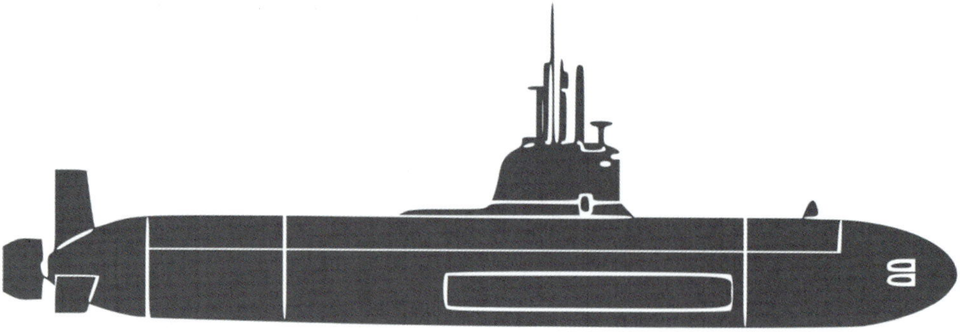

> 图95 法国梭鱼级核潜艇

> 图96 法国一角鲸级潜艇

水平、武器效能等方面将有突出表现。

常规动力潜艇

二战后，法国共建造了一角鲸级、桂树神级、阿戈斯塔级、鲉鱼级等几级潜艇。随着前三级常规动力潜艇的纷纷退役，法国已不再拥有常规动力潜艇。

鲉鱼级潜艇作为一型出口型潜艇，结合了法国和西班牙两国潜艇的设计理念，技术灵活，性能先进，可加装不依赖空气动力

> 图97 法国桂树神级潜艇

> 图98　法国阿戈斯塔级潜艇

装置（AIP系统），分为标准型、AIP型和缩小版型，1998—2013年共建造了9艘。法国和西班牙并没有装备该级潜艇，而是销往智利、马来西亚、印度和巴西等国家。

> 图99　法国鲉鱼级潜艇

小贴士

法国已退役的三型常规动力潜艇

一角鲸级是二战后法国认为其在大西洋的安全受到了苏联海军的威胁而决定建造的一批具有远洋航行能力的潜艇，1951—1958年共建6艘，具有良好的流线型，水下排水量约1 900吨，装备8具气动无泡鱼雷发射管。桂树神级潜艇是一级小型近海潜艇，1964—1969年共建成9艘，采用流线型外形、双壳体结构，水下排水量仅为669吨，装备了4具550毫米气动无泡鱼雷发射管，仅能攻击敌水面舰艇和处于潜望镜深度上的敌潜艇。阿戈斯塔级潜艇的主要使命是在大洋执行巡逻与侦察任务，既可反潜，又可反舰，1972—1978年共建造了4艘。

往昔辉煌

德国潜艇

德国是建造潜艇较早的国家之一，在世界潜艇发展史上占有重要的一席，特别是在两次世界大战期间，德国的潜艇发挥了举足轻重的作用，极大地推动了二战后世界各国潜艇技术的发展。

二战后，德国专注于常规动力潜艇的发展，设计与制造双管齐下，将自己的潜艇打造成了世界常规动力潜艇的领航者。

早期的技术探究

德国早期潜艇发展并不突出，1850年

> 图100 德国“火焰”号潜艇

> 图101　德国U-1级潜艇

> 图102　德国U-1级潜艇的内部舱室（一）

> 图103　德国U-1级潜艇的内部舱室（二）

德国人威廉·鲍尔通过反复实践，研制出了具有救援设备的“火焰”号，为早期德国潜艇研制向前迈进作出了贡献。但20世纪前由于德国对潜艇认识的不足，潜艇在德国基本毫无市场。

1906年德国建造成了一艘U级潜艇，该艇采用柴油机与电动机联合进行水上或水下的推进，航程2 400海里，装备4具鱼雷发射管。一战初，德国共有潜艇26艘，仅是英国潜艇的1/3，但相对而言，德国潜艇性能较好、装备较精良、战斗力较强。

两次大战时期

在一战中，德国海军是第一个启用潜艇作战的国家。在当时尚无反潜舰艇、反潜手段薄弱的情况下，德国潜艇作战十分顺利。“U–9”号潜艇在不到90分钟内接连击沉英国3艘巡洋舰的战绩使世界为之震惊，潜艇也开始受到关注。潜艇战让德国尝到了甜头，潜艇兵也从海军的辅助兵

> 图105 一战中德国的潜艇

> 图104 德国“U–9”号潜艇

> 图106 1935年德国U型潜艇（一）

力一跃成为主要作战力量。

1914—1918年，德国拥有300多艘潜艇，通过发动潜艇战，击沉英国、法国等国的运输船5 800余艘、战舰100余艘，充分展示了德国在潜艇设计和建造方面的惊人潜力。

一战结束后，德国不甘心接受《凡尔赛和约》对其“不得建造潜艇”的约束，在国内秘密恢复了潜艇准备工作。1935年公然撕毁《凡尔赛和约》，仅3个月后便制造出了战后的第一艘U型潜艇，到这年9月德国共建造了9艘潜艇，并成立了一支潜艇部队——“威迪根”潜艇队，其指挥官便是大名鼎鼎的卡尔·邓尼茨。

此外，英、德两方私下签订了《海军协定》，取消了对德国海军的某些限制，为德国潜艇复活铺平了道路。到1935年底，德国潜艇部队已经拥有了24艘潜艇，其中10艘是U－Ⅱ型。

到二战发生时，德国已经成为潜艇无

小贴士

“U–9”号潜艇的战绩——一艇击沉三舰

1914年9月23日，德国海军“U–9”号潜艇在比利时奥斯坦德港和英国马加特之间的伏击阵位上游弋待机。清晨时分，“U–9”号潜艇发现了3艘12 000吨的英国皇家海军巡洋舰，即“阿布基尔”号、“霍格”号和“克雷西”号。韦迪根艇长指挥“U–9”号潜艇悄悄向“阿布基尔”号靠拢，6时30分，随着一声巨响，“阿布基尔”号被击中。英国人当时根本没有意识到是德国潜艇攻击了他们，还以为是撞上了水雷。“U–9”号潜艇艇长韦迪根下令再次进入进攻阵位，2枚鱼雷呼啸而出，半分钟后“霍格”号也被击中并下沉。当时幸存的“克雷西”号舰长下达了救援而不是攻击潜艇的命令，导致自身在不久后同样被击中，遭受了灭顶之灾。

> 图107 1935年德国U型潜艇（二）

可争议的大师，尽管它们的潜艇比英美要小，但战绩是惊人的。二战爆发后仅仅2个星期，德国潜艇便击沉了英国皇家海军“勇敢”号航空母舰。“U-47”号潜艇甚至潜入英国舰船停靠港湾，在击沉了1艘3万多吨的巨型战列舰后全身而退。

除了优秀的单兵作战能力，德国潜艇还实行了一种高效且可怕的战术——狼群战术，由德国海军潜艇司令卡尔·邓尼茨创立，并在二战初期取得极大的成功。

> 图108 德国“U-47”号击沉战列舰

> 图109 德国“U-47”号潜艇

> 图110　二战时的德国潜艇（一）

但正所谓“道高一尺，魔高一丈”，新式反潜武器的应用，使得德国潜艇只要稍一露出水面，就会被反潜巡逻机发现并受到攻击。在二战初期，德国潜艇与盟军船只的损失比在鼎盛时期是1 ： 22，即德军潜艇平均每击沉22艘盟军船只，自己仅损失一艘潜艇；而到了1943年，损失比降到了1 ： 4。

为了提高潜艇的隐蔽性，德国设计师研制出了通气管装置，增强了潜艇在水下的续航时间及机动性，为潜艇向水下发展作出了贡献。此后，德国又研制出U-XXI型和U-XXIII型两种型号的水下高速潜艇。

由于袖珍潜艇具有体积小、隐蔽性好、成本低、建造速度快等特点，德国二

小贴士

狼群战术

狼群战术就是让许多潜艇像狼群一样聚集在一起，然后共同向“猎物”发动进攻。当一艘德军潜艇在巡逻时发现海面上出现商船及其护航船队时，它就给指挥部发出信号报告船队的位置，指挥部在接到报告后会立刻通知其他潜艇迅速前往所在区域。当这些潜艇集结后，它们就会像饥肠辘辘的狼群一样一齐扑向船队。即使护航舰船有反击的能力，在这样的“狼群”面前，也很难逃出生天。

> 图111 二战时的德国潜艇（二）

> 图112 20世纪50年代德国的潜艇试验舰

> 图113 德国206型潜艇

战期间研制了550多艘袖珍潜艇。1945年1月，袖珍潜艇投入战斗，在对英作战中取得了一些战绩，击沉船只约16艘。

二战后的发展

二战战败后，作为战败国的德国曾一度被禁止建造潜艇。其二战期间的U型潜艇也被美国、英国、法国等作为战利品所瓜分，因此德国潜艇的许多先进技术在各国潜艇上得到了发展和延续。

1955年德国加入北大西洋公约组织（简称北约），被允许重建潜艇部队，但潜艇的排水量被严格限定，最大只能建造350吨，直至20世纪80年代才得以完全解禁。在当时条件下，德国基于战争经验确立了发展常规动力潜艇的路线，建成了3艘试验艇。

> 图114 德国209型潜艇

> 图115 德国212型潜艇

在这些艇技术验证基础上，德国再接再厉，又建成了水下排水量分别为433吨的201型、137吨的202型两个型号共5艘潜艇。之后，在201型基础上，通过放大艇体设计，建成了可安装声呐、水下排水量455吨的205型潜艇共11艘。同时，继续基于前期研究成果，建成206型潜艇共18艘，并不断进行技术升级改造，形成206A型。

德国在潜艇出口方面也颇有心得，曾给挪威海军建造过15艘500吨级的207型科本级潜艇。20世纪60年代中期，为了满足发展中国家对常规动力潜艇的需求，德国在206型的基础上研制出了出口型——209型潜艇，首艇于1971年交付希腊海军。209型潜艇以其优秀品质获得了土耳其、印度等许多国家的青睐，订单数量近70艘。

此外，德国十分重视燃料电池技术及AIP潜艇的发展，并做了大量的试验，特别是于1987年，在一艘205型常规动力潜艇上改装了燃料电池并取得了全面试验的成功，证明了燃料电池用于潜艇是完全可行的。在此基础上，德国建成了一型装备燃料电池AIP系统的新型潜艇——212型。并在212型设计后，又设计出了结合212型、209型特点的出口型——214型，其综合实力介于209型与212型之间。

小贴士

201型、202型潜艇

201型潜艇共建成3艘，编号分别为U1、U2、U3，于1962—1964年服役，水下排水量433吨，装有2台600马力柴油机，水下最大航速17节，装备了8具533毫米鱼雷发射管。

202型潜艇是一型非常小的潜艇，水下排水量仅137吨，共建成2艘，装有1台425马力的柴油机，水下最大航速13节，艇艏装备有2具533毫米鱼雷发射管，备有2枚鱼雷。

第3章

各领风骚

——潜艇之典范

目前世界上有超过41个国家和地区拥有潜艇490余艘，其中拥有核潜艇的国家有美国、中国、俄罗斯、英国、法国和印度。俄罗斯、美国、中国、朝鲜的潜艇数量位于全球前列。各国潜艇数量统计如表2所示。

与一战、二战时期相比，全球潜艇数量缩水了不少。但纵观现代潜艇，它已成为一个浑身包裹着高尖科技美学的“艺术品”。而且世界各国仍在马不停蹄地互相角逐，以令潜艇向更全面、更强大的方向发展。

表2　各国潜艇数量统计表

国 家	数 量	国 家	数 量	国 家	数 量	国 家	数 量
阿尔及利亚	4	埃及	6	朝鲜	～70	新加坡	4
阿根廷	2	法国	10	韩国	16	南非	3
澳大利亚	6	德国	6	马来西亚	2	西班牙	3
孟加拉国	2	希腊	11	荷兰	4	瑞典	5
巴西	5	印度	16	挪威	6	土耳其	12
加拿大	4	印度尼西亚	4	巴基斯坦	5	乌克兰	1
智利	4	伊朗	3	秘鲁	6	英国	10
中国	～64	以色列	5	波兰	4	美国	70
哥伦比亚	4	意大利	8	葡萄牙	2	委内瑞拉	2
厄瓜多尔	2	日本	20	俄罗斯	～72	越南	6

潜艇时代里程碑

世界第一种完全为水下作战而设计的潜艇——德国XXI型潜艇

德国XXI型潜艇是世界上第一种完全为水下作战而设计的潜艇，是德国在二战期间为了应对美英反潜技术发展而研制出的新型潜艇。

XXI型潜艇水下排水量约1 800吨，共建造约120艘。为了提升水下性能，XXI型潜艇作出了一系列的改进，如增加电池容量以延长水下航行时间；装备通气管装置，只需充电不到5小时，就可以实现低速潜航2～3天；而且，艇体更为简单化、流线型，进一步提升了潜航航速。

> 图116　德国XXI型潜艇

同时，XXI型潜艇还装备了液压鱼雷自动装填系统，不仅实现了鱼雷的快速装填，而且射速也更快。同时还装备了更先进的声呐系统，发射鱼雷时无需再借助潜望镜，从而增加了其隐蔽性。

XXI型潜艇完全以水下作战性能为主，从此潜艇不再是可以下潜的船，而是真正的可以在水下潜伏攻击的舰艇，是世界潜艇史上的一个里程碑。

德国战败后，大部分XXI型潜艇被报

> 图117 德国XXI型潜艇（一）

> 图118 德国XXI型潜艇（二）

废及凿沉处理，还有8艘被美国、英国、法国等盟国瓜分进行研究，可以说XXI型潜艇是现代潜艇的雏形，在现代许多潜艇身上都能看到它的身影。

水滴型艇体之先驱——美国“大青花鱼”号潜艇

“大青花鱼”号潜艇是水滴型艇体的鼻祖，是美国20世纪50年代为了提升潜艇水下性能，而建成的水滴型试验性潜艇。“大青花鱼”号通过系列试验极大地提升了潜艇水下性能，水滴型是美国通过开展20多个潜艇模型的水池系列试验及风洞试验，而确定的水下高速潜艇的最佳型线。水滴型更是成为现代潜艇的经典外形，是潜艇发展史上的一块里程碑。

“大青花鱼”号潜艇于1953年服役，满载排水量约1 500吨，动力系统采用2台柴油发动机和1台主电动机。经过数次改造后，“大青花鱼”号的水下航速竟超过当年的核潜艇，达到惊人的33节，验证了水滴型艇体线型非常适合水下高速航行。

除了验证水滴型艇体，“大青花鱼”号潜艇还肩负了当时许多的试验项目，成功进行大型艉性能、噪声排除、声呐系统性能、电池与螺旋桨性能等测试。

“大青花鱼”号潜艇退役后，美国海军把它作为美国国家纪念品，陈列在其诞生地新罕布什维尔的普茨茅斯。

> 图119　美国“大青花鱼”号潜艇（一）

> 图120 美国“大青花鱼”号潜艇（二）

世界第一艘核潜艇——美国“鹦鹉螺”号核潜艇

“鹦鹉螺”号核潜艇由美国于20世纪50年代研制，是世界上第一艘核潜艇，它首开应用核动力之先河，标志着潜艇进入了一个新纪元，是现代潜艇技术发展过程中的重要里程碑。

“鹦鹉螺”号潜艇水下排水量约4 100吨，于1954年服役，1980年退役。它采用S2W核反应堆，最大航速23节，可在此航速连续潜行50天、几万海里而无需补充任何燃料。

在1955年的作战演习中，“鹦鹉螺”号核潜艇凭借强大的水下续航力，轻而易举战胜了包括一艘反潜航母在内的反潜编队，击沉敌舰7艘。在随后北约组织的“反击”演习中，受其攻击的舰艇包括2艘航母在内的16艘，展示了核潜艇坚不可摧的作战威力。

“鹦鹉螺”号核潜艇的诞生，为潜艇

> 图121 美国“鹦鹉螺”号核潜艇下水

技术的发展指明了方向，促进了反潜技术的迅速进步与完善，同时带动了常规动力潜艇AIP技术乃至核动力水面舰艇的迅速发展。

> 图122　美国“鹦鹉螺”号核潜艇航行于水面上

群星荟萃

各国潜艇典范

弹道导弹核潜艇的王者争霸——美国俄亥俄级与俄罗斯北风之神级

俄亥俄级

俄亥俄级是美国目前服役的最先进的核潜艇，共建造18艘，其中14艘为美国第四代弹道导弹核潜艇（另外4艘为巡航导弹核潜艇），于1984—1997年服役。其水下排水量约19 000吨，水下航速约24节，艇体大部分采用单壳体，下潜测试深度约240米，采用了S8G自然循环压水堆，推进功率26万马力，并采取机舱浮筏减振、敷设消声瓦、高性能的观通惯导设备等措施，提升了潜艇的隐蔽性。

一艘俄亥俄级弹道导弹核潜艇可以携

> 图123 美国俄亥俄级核潜艇

带24枚“三叉戟”导弹，相当于二战所有弹药的威力之和，数百个分弹头可以在半个小时内摧毁敌方几百个大中型城市或重要战略目标。因此，俄亥俄级弹道导弹核潜艇是目前美国核三位一体战略核兵力的中坚力量。

俄亥俄级的接班人是美国第五代弹道导弹核潜艇——哥伦比亚级，目前尚在研制之中，计划建造12艘，首艇预计

> 图124 美国俄亥俄级核潜艇弹道导弹发射口打开

于2021年开工。哥伦比亚级水下排水量约2万吨，核反应堆在全寿期内无需换料，采用电力推进，隐蔽性与生存力均大为提升。但在弹道导弹装载数量上由俄亥俄级的24枚降为16枚，据悉是为了实现弹道导弹核潜艇能力、成本、使用灵活性之间的综合平衡。或许哥伦比亚级能成为未来的“核潜艇之王”，让我们拭目以待。

北风之神级

为了保持强大的战略威慑力量，20世纪末俄罗斯开始研制最新一级的弹道导弹核潜艇——北风之神级，以迎战美国俄亥俄级。

该级艇水下排水量2万吨，水下航速25节，最大下潜深度约450米，采用双座压水堆双轴推进。该级艇装有16具导弹发射筒、16枚RSM-56弹道导弹，射程8 000多千米，命中精度极高，与美国“三叉戟”导弹相比具有更强大的攻击威力。另外，还装有4具533毫米鱼雷发射管，具有较强的水下自卫能力。同时针对电子系统进行了改进，已不逊于美国俄亥俄级。

在隐蔽性方面，除了敷设了消声瓦，北风之神级还苦练内功，采取了减振、降噪技术，在静音和隐身方面都优于台风级，俄罗斯媒体称其将成为“世界上噪声最小的核潜艇”。

总体而言，北风之神级的一些总体性能已超越美国俄亥俄级，极大地弥补了俄罗斯现有潜艇与美国潜艇之间的差距。

> 图125　俄罗斯北风之神级弹道导弹核潜艇

同级数量最多的核潜艇——美国洛杉矶级攻击型核潜艇

洛杉矶级是美国研制的第五代攻击型核潜艇，1972—1996年共建成62艘，目前仍有32艘在服役，是世界上建造数量最多的一级核潜艇，也是美国21世纪初攻击型核潜艇的中坚力量，主要承担反潜、反舰、对陆攻击等任务。

洛杉矶级核潜艇水下排水量约7 000吨，具有优良的综合作战性能，这也是该级艇能大量建造的原因之一。该级舰装备有4具鱼雷发射管和12具导弹垂直发射筒（后31艘），可搭载26枚MK-48鱼雷、战术导弹、鱼叉反舰导弹等武器，装备武器齐备、数量多，曾有9艘参加海湾战争，取得显著战果。它采用S6G自然循环压水堆，推进功率35 000马力，最大航速可达30节以上。同时装备有舷侧阵声呐与拖曳线声呐等大量新型电子设备、静电陀螺仪等先进导航设备，并采用综合作战系统、先进的计算控制系统，快速反应能力强。此外，通过现代化改装，该级艇始终保持先进的技术水平。

> 图126 美国第一艘洛杉矶级攻击型核潜艇“洛杉矶”号

> 图127　美国最后一艘洛杉矶级攻击型核潜艇“夏延”号参与太平洋演习（1996年）

> 图128　航海员在美国“寇帕斯克里斯蒂城”号的围壳舵上

世界上最大的潜艇——俄罗斯台风级核潜艇

台风级核潜艇是典型的冷战产物，是苏联在冷战期间为了赶超美国而建造出的超大型弹道导弹核潜艇，是当今最大体积和最重吨位潜艇的世界纪录保持者。该级艇于1981—1989年共服役6艘，最大的一艘水下排水量达48 000吨，近乎是美国俄亥俄级的2倍。

台风级核潜艇采用非全艇双壳体结构，横剖面舱室采用“品”字形布局，耐压壳体和鱼雷舱采用钛合金材料，其余部分采用消磁高强度钢，外壳极为坚固，即使是北极2～3米厚的冰层都能被它轻易破开。

台风级核潜艇的作战威力也十分强大，装有20枚SS-N-20、SS-N-28导弹，发射时可齐射2枚导弹，这是世界上其他任何潜艇都无法做到的，而且每发导弹携带10枚弹头，可以打击到与台风级同处一个半球的任何目标。当然也正因为其排水量大、装弹量多等原因，台风级隐蔽性相

图129 俄罗斯台风级核潜艇（一）

图130 俄罗斯台风级核潜艇（二）

对要差一些，而且建造、维护费用也十分高昂，注定了不可能大量生产，最终为时代所抛弃。

自苏联解体后，俄罗斯经济持续走低，无力承担核潜艇高额的维护费用，台风级陷入“吃不饱，穿不暖”的境地，如今仅1艘在服役，其余纷纷退役或被拆解。

世界上第一艘装备AIP的常规动力潜艇——瑞典哥特兰级潜艇

瑞典作为一个潜艇建造大国，从1904年开始建造首艘潜艇到现在已有百年的历史。瑞典对柴电潜艇十分偏爱，而对核潜艇却基本不涉猎。它们十分注重柴电潜艇技术发展的连续性，采用短周期、小跨度、高水平的方针，循序渐进地推动潜艇技术的不断发展。每型新设计潜艇尽量要采用1～2项新技术和新设备，确保每型潜艇都有所突破。因此，瑞典的常规动力潜艇技术属世界一流水平。到了20世纪80年代，瑞典以增加水下续航力为突破点研制成功了世界上第一级安装了AIP的潜艇——哥特兰级潜艇。

哥特兰级潜艇于1996年服役，是瑞典海军21世纪的骨干力量。它的服役标志着常规动力潜艇的发展进入了一个新纪元，引起了世界各国海军的广泛关注。

> 图131 瑞典哥特兰级潜艇（一）

哥特兰级潜艇水下排水量约1 600吨，水下航速20节，其最大的特点是在柴电动力装置的基础上，加装了一套斯特林AIP，该系统作为辅助动力装置，可使潜艇的潜航时间增加2～3个星期，航程达到数千海里，极大地提升了一般常规动力潜艇的续航力。

哥特兰级潜艇装备有世界上先进的作战系统，携带的武器种类也较多，仅鱼雷就有3种。同时，该艇还装备了高性能探测设备，航行性能与隐蔽性都相当好。

哥特兰级潜艇把现代最新技术与高效低能耗融为一体，把最先进的作战系统和AIP相结合，成为目前世界上最先进的常规动力潜艇之一，拉开了常规动力潜艇新时代的序幕。

图132　瑞典哥特兰级潜艇（二）

图133　032型潜艇（一）

图134　032型潜艇（二）

现役最大的常规动力潜艇——中国032型潜艇

032型潜艇是中国研制的专门用于试验新型武器装备的大型常规动力潜艇，主要用于测试潜基武器装备，为新型核潜艇提供试验数据基础。

032型潜艇于2012年服役于人民海军北海舰队，艇名“长城201”号，2013年开始执行新型武器测试任务。其水下排水量约6 600吨，是目前世界上最大的常规动力潜艇，水下最大航速14节，最大潜深200米。

作为试验型潜艇，032型庞大的体型不仅可以安装新型大功率雷达、声呐等多种试验仪器和设备，而且可以完成体积大

图135　032型潜艇（三）

型的潜射弹道导弹和巡航导弹的完整性试射和测试，为人民海军潜艇未来各种潜射武器的研发提供了一个基础性、多样性的试验平台。

世界上最袖珍的攻击型核潜艇——法国红宝石级核潜艇

红宝石级核潜艇是法国海军第一代攻击型核潜艇，是全球最迷你的攻击型核潜艇，1983—1993年共建成6艘，其中最后2艘为改进型。该艇采用核动力推进，航速约25节，水下排水量约2 700吨，仅相当于一艘常规动力潜艇的大小，真不负“袖珍核潜艇”的美誉。

小巧的艇体尽管限制了武器装载、动力功率、续航力，以及艇员生活、减振降噪空间，但拥有了低廉的造价、较好的操控性与灵活度，特别适合在水文复杂的地中海作战。

红宝石级攻击型核潜艇装备有4具533毫米的机械弹射式鱼雷发射管，鱼雷舱内最多能储存14枚鱼雷和导弹，鱼雷管还具有布雷能力，另外还装备了潜射飞鱼掠海反舰导弹，因此身量虽小，但执行的任务可不少，可以执行反潜、反舰及布雷等多种任务。

> 图136　法国红宝石级核潜艇

不朽的前辈

过往潜艇之最

世界上第一艘军用潜艇——美国“海龟”号潜艇

“海龟”号是世界上第一艘军用潜艇，它诞生于18世纪70年代的美国独立战争时期。当时为了突破英国对港口的封锁，美国青年布什内尔在华盛顿将军的支持下研制出了“海龟”号。

与现代潜艇相比，“海龟”号相当简陋，外壳由橡木制成，形似鹅蛋，艇高约2米，仅可容纳1人呼吸半个小时。艇内装有2根通气管、2个手操水泵、手摇螺旋桨、水柜、罗经等设施，可实现通气、潜浮及行驶等基本功能。此外，艇内装有70千克黑火药的炸药包，当潜艇潜至敌舰底部时可把炸药包挂在敌舰上，从而定时引爆，炸毁敌舰。

由于实战的复杂性，最终“海龟”号

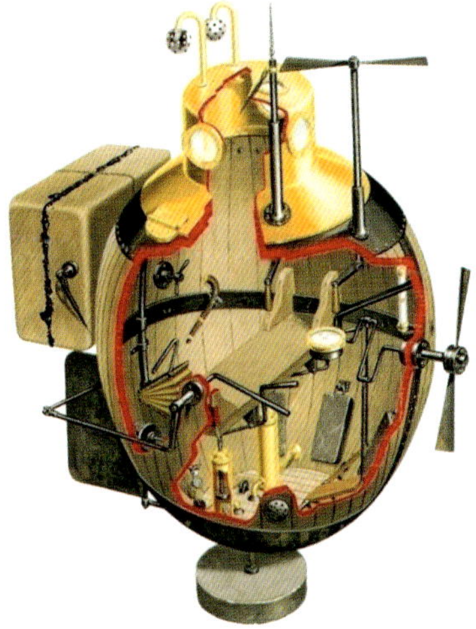

> 图137 “海龟”号潜艇（1777年）

并未实现“炸毁敌舰”的目标，但它向世人鲜活地展示了潜艇在水下战争中的潜能，创造了潜艇史上首次携带并使用炸药包进行作战的战例，从此人类的战场再也不局限于陆地、水面，而是逐渐延伸到水下，“海龟”号也赢得了世界上“第一艘军用潜艇”的美名，在世界潜艇发展史上占据一席之地。

击沉舰船最多的潜艇——德国“U-48”号潜艇

“U-48”号是德国二战时期的一型潜艇，属ⅦB型，于1939年服役，水下排水量857吨，试验潜深约230米，装有5具533毫米鱼雷管（其中艇艏4个、艇艉1个）、1门舰炮、1门防空炮，该艇可装载14枚鱼雷或26枚TMA地雷或39枚TMB水雷，在当时条件下，战斗力相对较强。

在刚服役的2年中，“U-48”号潜艇就击沉55艘船只，总计吨位321 000吨。在接下来的大西洋战争的开始阶段，它又击沉2艘船只，总计吨位12 000吨。就这样，“U-48”号成为击沉舰船最多的潜艇。

1945年5月，在二战即将结束之际，“U-48”号潜艇自沉于其停靠的海港。

首次采用水滴型、加装围壳舵的核潜艇——美国鲣鱼级核潜艇

鲣鱼级核潜艇是世界上首级采用水

> 图139 美国鲣鱼级“鲣鱼”号（SS-585）核潜艇沿着下水滑道下滑

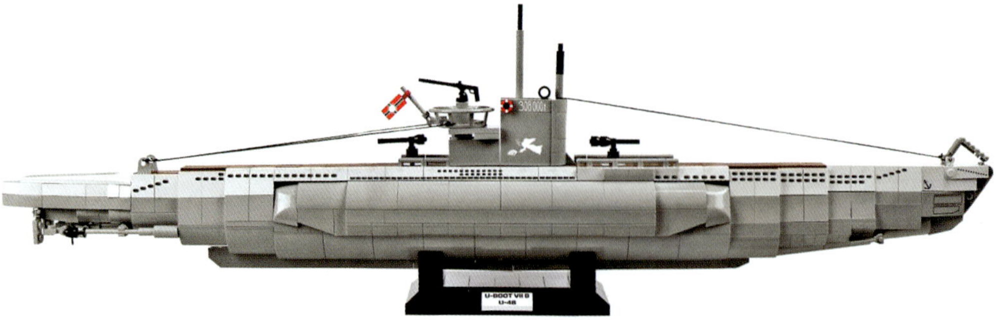

> 图138 “U-48”号潜艇模型

图140　美国鲣鱼级核潜艇

滴型并加装了围壳舵的核潜艇，是美国海军第二代攻击型核潜艇。该潜艇于1959—1961年服役，共建造了6艘，水下排水量约3 600吨，至1990年已全部退役。

鲣鱼级核潜艇将核动力和水滴艇型完美结合，大大提升了水下航速（可达33节），成为洛杉矶级核潜艇服役前以航速高而称霸于美国海军的一型核潜艇。同时，通过首次加装围壳舵，极大地改善了水下高速航行时艏升降舵所产生的涡流噪声。鲣鱼级核潜艇堪称是现代核潜艇的一个模板。

改变使命最多的一级核潜艇——苏联Y级核潜艇

Y级核潜艇是苏联20世纪60—70年代发展的第二代弹道导弹核潜艇，又称扬基级，1967—1974年共服役了34艘，共分为Ⅰ级、Ⅰ级改进型、Ⅱ级3个型号，水下排水量约9 300吨，水下航速27

> 图141　苏联Y级弹道导弹核潜艇（一）

> 图142　苏联Y级弹道导弹核潜艇（二）

节。YⅠ级能携带16枚SS-N-6或SS-N-17导弹，是当时苏联第一种能够携带多于10枚弹道导弹的核潜艇，性能类似于美国的第一代弹道导弹核潜艇乔治·华盛顿级。

为了满足苏联20世纪70—80年代发展需求，许多艘Y级弹道导弹核潜艇被改装成执行其他使命的潜艇，其中2艘改为巡航导弹核潜艇，1艘改为核潜艇母舰（可携带一艘袖珍核潜艇），5艘改为攻击型核潜艇，1艘改为声呐试验艇，2艘改为导弹试验艇等。Y级成为世界上改变使命最多的一级核潜艇。

世界上第一艘沉没的核潜艇——美国“长尾鲨”号攻击型核潜艇

“长尾鲨”号攻击型核潜艇是美国第19艘核潜艇，其命运多舛，是世界上第一艘沉没的核潜艇。“长尾鲨”号水下排水量约4 300吨，水下航速约31节，潜深396米，于1961年8月服役。

1963年4月9日上午，“长尾鲨”号在海上进行深潜试验，在越过最大下潜深度前一切正常。但是很快，艇员发现潜艇出现轻微的漏水情况，随即试图向压载水舱

图143 美国“长尾鲨”号攻击型核潜艇

> 图144　军官们站在“长尾鲨”号艏水平舵上

供气以促使潜艇上浮却毫无效果。9点18分“长尾鲨”号沉入深海，成为2 500多米深海里的一堆废墟。艇上129人全部遇难，是迄今为止潜艇沉没造成人员伤亡最多的一次。

此后，美国海军“长尾鲨”号的失事调查显示，由于美国和苏联之间疯狂的军备竞争，美国为了追求建造的快捷，牺牲了质量管理，艇上许多管路都未接牢，而且根本没有检测，从而导致深潜时系统出了问题，机舱大量进水，最终失去了主要动力及推进能源。

“长尾鲨”号的失事向美国人敲响了警钟，美国除了对“长尾鲨”号后续艇进行了修正强化，还推出了一系列潜艇安全措施，并有针对性地建造出了第四代鲟鱼级攻击型核潜艇。

西方最畅销的出口型潜艇——德国209型潜艇

20世纪60年代，德国在206型潜艇的基础上为希腊成功设计出了209型潜艇，

> 图145　德国209型潜艇（一）

1971年首艇交付，拉开了209型潜艇的外销神话。

为了满足发展中国家对潜艇的不同需求，209型潜艇采用“私人订制”的模式建造了不同排水量型：209/1100、209/1200、209/1300、209/1400和209/1500型。基本型209/1100水下排水量1 230吨，装有4台MTU柴油机、1台推进电机，水下航速21节，艇体采用优质HY-80钢，潜深超过400米，艇艏布置8具533毫米鱼雷发射管，装有先进声呐系统，自动化程度高，性能超群，价格低廉，受到希腊、印度、韩国、土耳其、秘鲁、委内瑞拉等多个国家和地区的热购，销售近70艘，是西方最畅销的出口型潜艇。

> 图146　德国209型潜艇（二）

第4章

中国崛起

——中国潜艇的发展之路

中国潜艇尽管起步较晚，但发展较快。自1951年以来，经过几代潜艇人的默默付出与努力，中国潜艇实现了从无到有、从小到大、从弱到强的历史跨越。特别是近些年，中国潜艇技术发展迅猛，越来越受到国际关注。

中国常规动力潜艇砥砺前行

新中国成立初期，人民海军的主要作战任务是配合解放沿海岛屿，抵御国民党军队对沿海地区的骚扰，捍卫领海主权和保卫海上交通线。但当时的海军航空兵对海攻击能力有限，无法对水面舰艇提供全面的空中掩护。因此，建设一支水面舰艇、潜艇、航空兵、岸防部队和陆战队兵种齐全的海上武装力量在当时是必不可少的。

而对没有全程空中掩护的海军来说，潜艇就更加重要，它可以在水下远航巡弋，又能隐蔽阻敌、突然进攻。

中国的常规动力潜艇从引进仿制到自行研制，再到改进改型，60多年来不断推陈出新，走出了一条艰难曲折的自主研发道路，先后研制出多型常规动力潜艇，成为人民海军不可或缺的作战力量。

艰难起步

新中国成立之初，毛泽东主席就下决心要结束中华民族有海无防的历史，在1949年9月21日中国人民政治协商会议上，毛泽东主席向全世界庄严宣告：“我们

> 图147 苏联最先提供学习的M型潜艇

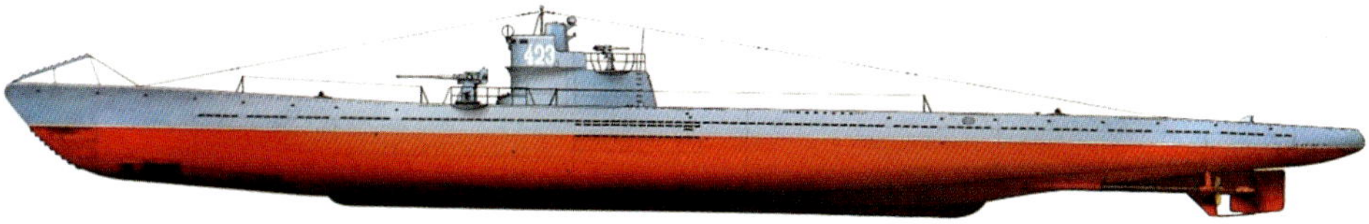

图148 我国接收的苏联C级潜艇（俄语“C”，读作“S”）

不但要有一个强大的陆军，而且要有一个强大的空军和一个强大的海军。”

1950年底，毛泽东致电斯大林，正式提出向苏联订购潜艇并培训学员的要求。

1951年2月，苏联向中国提供了2艘训练艇，并同意培训潜艇艇员。同年4月，人民海军挑选270多名优秀官兵组成潜艇学习队，到苏联海军太平洋舰队驻旅顺的潜艇分队学习。这些官兵克服语言不通、生活不习惯等障碍，圆满完成了学习任务。

1952年5月，我国第一个潜艇基地在青岛建成。

1953年夏天，苏联赠送我国一艘C级旧潜艇，这艘“缺胳膊少腿”、根本无法航行的潜艇成了人民海军历史上的第一艘潜艇。

1954年6月19日，人民海军第一支潜艇部队——海军潜水艇独立大队宣告成立。5天后，中国潜艇学习队结束了为期3年的学习，与此同时，两艘M型艇也正式移交中国。在中苏潜艇交接签字和升降旗仪式结束后，伴着乐队奏响的中苏两国国歌，2艘潜艇上的苏联国旗和军旗徐徐降下，而中国五星红旗和中国人民解放军海军军旗冉冉升起。此后这2艘潜艇被分

图149 人民海军潜艇官兵在接收的潜艇上升起中国人民解放军海军军旗

图150 潜艇出航

别命名为“新中国11”号和“新中国12”号，由中国人自己驾驶，在苏联驱逐舰护航下，从旅顺老虎尾码头起航，驶向人民海军第一个潜艇基地。

此后这2艘潜艇参加了青岛基地组织的训练和演习，并担负海上巡逻警戒任务。

之后，中国又陆续从苏联接收了几艘潜艇。在一次战役演习中，潜艇声呐报告发现“敌方”位置，随后发射4枚鱼雷，全部击中目标。“敌舰”直到被鱼雷击中才恍然大悟，自己被潜艇“瞄”上了，但为时已晚，这次演习充分展示了潜艇的作战威力。

在向苏联购买潜艇的同时，我国自主研制潜艇的计划也已酝酿成熟。1953年6月4日，中苏签订了“六·四”协定，苏方有偿转让常规鱼雷潜艇613型的建造权，提供器材设备和设计图纸资料，并派专家来华指导，指导我国船厂潜艇的建造工作。在施工现场，苏方专家向技术人员和工人进行示范操作，由中方进行拼装。由于前3艘艇体是苏联提供的半成品，所以焊接成了潜艇建造的关键步骤，为此苏方帮

> 图151 中国613型潜艇

> 图152 中国6603型潜艇

忙挑选高级焊工进行特别培训与指导。艇在焊接结合结束后的水压试验中，未出现裂缝、漏水的现象，说明当时的焊接质量良好。

为了承担起保卫祖国海域的重任，为了不辜负毛泽东主席和全国人民的期望，1954年4月，在苏联的帮助下，上海江南造船厂首次装配制造出了6603型潜艇。

与此同时，中国人民解放军海军第一支潜艇独立大队也初具雏形。

在当时资料不全、技术不足的情况下，面对陌生的潜艇，潜艇兵们见缝插针的学习，爬舱底、摸管路，甚至晚上请技术人员“开小灶”学技术，文化知识和技术两手抓，很快就掌握了熟练的潜艇操作本领。

1956年1月10日，6603型潜艇迎来了神圣一刻，毛泽东主席在陈毅陪同下视察潜艇。毛泽东围着静卧在船坞中的潜艇整整转了一圈，一边仔细察看，一边听取技术人员的汇报，当工人和技术人员表示，我们不但要学会装配，而且要自己制造，还要赶上和超过别的国家时，毛主席高兴地笑了。

6603型潜艇意义非凡，它是新中国自

> 图153　中国6603型潜艇在海上

行建造的第一艘潜艇，是毛泽东主席视察过的唯一一艘潜艇，也是海军唯一授予荣誉舷号的潜艇。该型潜艇的制造促进了我国潜艇的研制，培养了技术干部和工人，积累了组织管理的经验，是我国成批建造潜艇的开端。

1959年2月4日，中苏签订了“二·四”协定，苏联向中国有偿转让R级新型常规动力潜艇、G级常规动力弹道导弹潜艇的建造权及部分设备。

R级潜艇是苏联于20世纪50年代设计建造的一级常规动力潜艇，与W级相比提高了声呐设备性能，增加了蓄电池的水下冷却系统，增大了下潜深度。

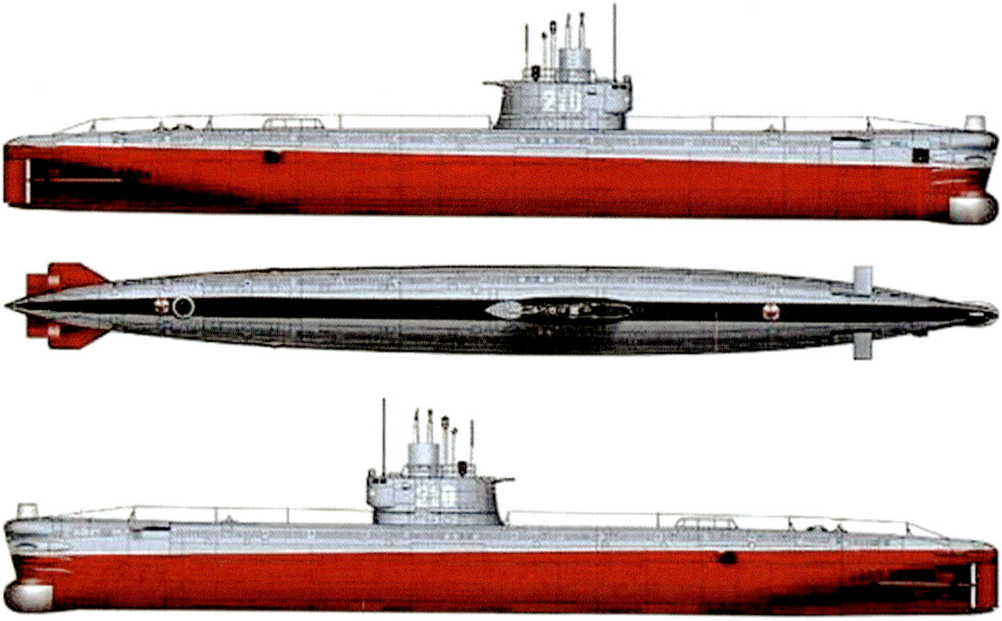

> 图154　中国R级常规动力潜艇效果图

> 图155　G级6631潜艇

> 图156　中国R级常规动力潜艇

此时的中国已经对建造潜艇有了一定的经验，为了加速实现国产化和做好下一步全面仿制的准备，在这型潜艇的制造中，凡是中国能够生产的，都不再引进。同时，在原型的基础上，对厂房、设备等做了局部的改建和调整。

1960年7月，因中苏关系破裂，苏联单方面中止了合同，撤走了专家，中断物资供应，严重影响了我国潜艇的建造进程。面对困难局面，中国及时对R级潜艇的建造工作进行了重新布置和调整，充分借鉴前期W级潜艇建造经验，同时深入吸收消化已有的技术资料。第一艘R级常规动力潜艇于1965年交付人民海军，该级潜艇成为当时中国建造数量最多的潜艇型号。

G级常规动力弹道导弹潜艇于1960年开工建造，1966年服役。最初仅作为训练试验用，后来进行了两期改装、多次航海试验和发射模型弹试验，证明该艇具备了水下发射遥测弹的技术条件，使得人民海军第一次有了能够发射潜地导弹的舰艇。

> 图 157　G级常规动力导弹潜艇

> 图 158　“巨浪-1”弹道导弹发射

> 图159 “巨浪-1”弹道导弹参加1984年国庆阅兵式

1982年10月12日，中国第一枚潜射固体弹道导弹“巨浪-1”首次由常规动力导弹潜艇水下发射试验成功，自此中国一跃成为世界上第5个拥有水下发射弹道导弹能力的国家。潜射导弹试验的成功使中国具有了第二次核打击能力。

通过仿制，中国掌握了弹道导弹潜艇的研制能力，特别是形成了一整套导航、射控、雷达、指挥仪器的科研生产力量，为今后自行研制弹道导弹潜艇打下了坚实的基础。2010年8月4日，中央军委授予其“水下发射试验先锋艇”荣誉称号。

R级与G级潜艇的研究、仿制是我国从装配到仿制的一次飞跃，同时也为我国以后的潜艇工业夯实了基础。此外，在这些潜艇的建造过程中，还进行了一些改进，解决了特种钢材焊接、螺旋桨空泡剥蚀、加强船体结构等重大技术问题，不仅完成了两型潜艇的转让装配制造，而且在潜艇设备、材料配套生产方面实现了全面国产化。

自行研制

中国在完成了R级潜艇仿制国产化后，先后进行了十多次重要的改装，如加装新型武器、改进设备、减振降噪等。这些改进创新，不仅提高了潜艇的作战性能，同时也提高了设计建造水平，为中国自行研制第一代常规动力潜艇打下了坚实的基础。

1967年，我国自行研制中型常规动力鱼雷潜艇。

第一代常规动力鱼雷潜艇首制艇于

> 图160 新型鱼雷潜艇

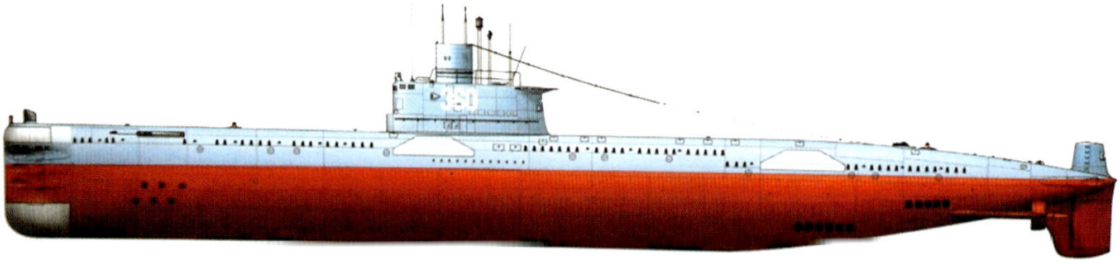

> 图161 中国第一代常规动力鱼雷潜艇

1969年10月开工，1974年4月交付使用，采用直艏尖艉双壳线型艇体，并改进动力装置和流水孔的形式与布置，潜艇航速得到了大幅提升。该艇作为中国第一代常规动力鱼雷潜艇，是中国自行研制潜艇阶段一个非常重要的开端。

> 图162　航行中的中国第一代常规动力鱼雷潜艇

> 图163　中国第一代常规动力鱼雷潜艇改进型

发展创新

为了满足海军新时期的作战要求，缩小同西方发达国家先进常规动力潜艇的技术差距，20世纪80年代中期我国开始研制第二代常规动力潜艇——新一代常规动力鱼雷潜艇。

新一代常规动力鱼雷潜艇在1995年8月开始海上试验，1996年5月首艇正式交付海军使用，成为21世纪初人民海军常规动力潜艇编队的主力，收获了当时中国常规动力潜艇发展的多个“第一”，即第一次使用单轴七叶大侧斜螺旋桨推进器，第一次装设数字显示声呐、光电桅杆和整合式的自动化指挥系统，第一次配备线导反潜鱼雷，第一次配备潜射反舰导弹等。

该型潜艇于1998—1999年完成发射潜射导弹试验，成为中国第一艘能在水下发射远距离反舰导弹攻击敌舰的常规动力潜艇。

> 图164 中国第二代常规鱼雷潜艇航行中

> 图165　中国第二代常规动力鱼雷潜艇

新一代常规动力鱼雷潜艇主要有以下技术特点。

噪声低，安静性好

潜艇从型线设计到总布置均采用了先进的减振降噪技术，对全艇机械、螺旋桨与水动力三大噪声源进行了全方位控制，如采取单轴单桨电传动推进方式，艇体外表面敷设消声瓦，成组使用浮筏，管路系统隔振，声呐平台区声学处理，降低柴油机排气噪声，大量采用阻尼材料、隔振器材，以及孔穴封闭等。

水下探测距离远，作战能力强

该潜艇装有特大型声呐基阵，再配合该艇噪声低的优势，具有远距离探测目标的能力，能做到先敌发现，从而满足鱼雷武器使用的要求。

该艇除可采用鱼雷作战外，还可发射飞航式导弹、布放水雷，不同武器的使用可根据需要进行合理搭配，从而在远距离、大深度上都能取得先手，因此作战能力强。

可靠性高、安全性好、生命力强

全艇被分成6个耐压舱，在任何一舱破损后，仍能保证潜艇不沉。该艇还具有水下一定深度艇员快速上浮脱险的装置，还可与深潜救生器对接。此外，潜艇的关键系统或重要部位均设置有连锁装置，大大提高了潜艇的生命力和安全可靠性。

同时，该艇在船体型线、大深度发射、自动操舵等方面也取得了新的突破，相比第一代鱼雷潜艇，其航行性能、水下续航力等都有了较大的提高和改善。

> 图166　俄罗斯基洛级潜艇

十年磨剑——研制第三代常规动力潜艇

在继第二代常规动力潜艇之后，我国自主研制了第三代常规动力潜艇。

该型潜艇无论是参数、性能，还是系统，都有很大改进。通过采用完整的水滴型艇体，降低水下阻力，提高水下快速性能；采用围壳水平舵和艇艉十字舵布局，具有良好的航行操纵性；采用不依赖空气的AIP技术，可在水下长时间、高速航行。同时它在整艇敷设消声瓦，既可削弱潜艇自身机械噪声向外辐射，也可大大降低敌方主动、被动探测声呐的搜获距离和搜获概率，隐身性极好。

该型艇使中国潜艇的性能第一次达到了世界领先水平，是中国潜艇设计人员多年努力所取得的成果。

> 图167　第三代常规动力潜艇停泊在岸边

> 图168　第三代常规动力潜艇采用了完整的水滴型艇体

> 图169 第三代常规动力潜艇采用了橡胶消音胶版

临危不乱的实践

2014年的一天，某艇在一次不打招呼的战备拉动中紧急出航，潜入大洋，执行战备远航任务。

该艇黝黑的艇体宛如水下巨鲸，悄然无息地在深海中游弋，尽管海况复杂，但艇内检查值更的、操纵设备的、注视仪表的、巡查管线的……一切井然有序，似乎这仍将是一次完美的远航战备巡逻任务。

突然，潜艇如失去浮力般快速向深海掉去，指挥员下达增速等一系列指令，但并没有阻止潜艇掉深的步伐，艇员们甚至可以听到海水巨压将艇壳压缩产生的“咣咣”恐怖闷响。“主机舱管路破损进水!”一声急促的报告更是让艇员们感到命悬一线。主机舱一旦进水，潜艇必将“瘫痪”，潜艇在海中的趴窝意味着可能“艇毁人亡”。

情况十分危急，“损管警报！向所有水柜供气”，指挥官条件反射地命令着。

艇员们条件反射性地投入与时间、命运的抗争中。位于舱底的艇员迅疾扑向破损的管路，一次次被高压海水冲回，全然不顾身上的疼痛、流血的伤口，拼尽全力将阀门关闭；主机舱内水雾迷蒙、噪声很大，值更员条件反射性地关停了主电机和部分设备，并在第一时间进行封舱处理；还有艇员从前跑到后、从上跑到下，不顾高压气体的挤压，一路摸索关闭大小阀门几十个，成功向舱室供气建立反压力……

不到10秒钟，应急供气阀门打开，所有水柜开始供气；1分钟内，上百个阀门关闭，数十种电气设备关闭；2分钟后，全艇各舱室封舱完毕；3分钟后，潜艇掉深终于停止，深度计开始缓慢回升。

从潜艇掉深进水到安全脱险，艇员们把握住了最关键的3分钟，成功闯过鬼门关。

该艇所发生的奇怪“掉深”现象，其罪魁祸首实际上是所谓的海上密度“断崖”，这一现象对于水下航行潜艇具有极大的危险性。尽管在各国有据可查的潜艇事故里，几乎查不到由此导致潜艇沉没的直接记录，但海上密度“断崖”往往被怀疑为潜艇神秘失踪的元凶之一。例如美国“长尾鲨”号、以色列“达喀尔”号等潜艇的沉没，便可能是它在暗中作祟。

此次突发险情为人民海军潜艇在大洋水下航行积累了重要经验。

> 图170　潜艇内大大小小的阀门

中国核潜艇奋勇发展

面对纷纭复杂的世界海洋局势，世界大国纷纷加紧研制并相继拥有了自己的核潜艇。那么，中国的核潜艇发展之路又是怎样的呢？

一份绝密报告

中国核潜艇的起步，源于1958年，当年聂荣臻元帅向党中央、国务院、中央军委呈送了《关于开展研制导弹原子潜艇的报告》。报告指出：我国的原子能反应堆已开始运转，根据现有的力量，考虑到国防的需要，本着自力更生的方针，自行设计和试制能够发射导弹的原子潜艇。

这份报告的第一位审阅者是中国时任总理周恩来。随后，其他中央领导也都进行了传阅，最后由毛泽东主席圈阅批准。就这样，中国正式开启了研制核潜艇的序幕。

当时一无图纸，二无资料，更没有外国专家指点迷津，核潜艇研制的起步难度可想而知。

核潜艇，一万年也要搞出来

研制核潜艇是一项极其艰难的工程。核潜艇技术、工艺复杂，涉及航海、导弹、计算机、核反应堆等几十个专业学

> 图171 回旋加速器纪念邮票

> 图172 原子反应堆纪念邮票

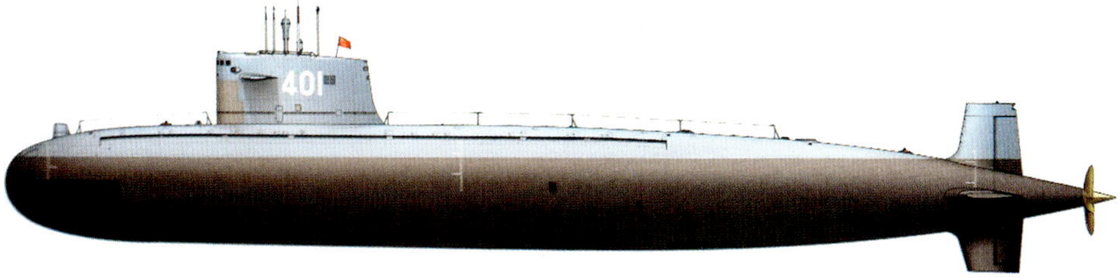

图173 401型核潜艇

科。在核潜艇的“五脏六腑”内，安装有各类设备数千台，各种仪器、仪表、指示灯和大大小小阀门成千上万，五花八门的零部件数以万计。一艘核潜艇的发电量可以满足一座中等城市的照明用电。倘若把核潜艇内的管路、电缆连接起来，可以环绕地球一圈仍有余。

中国对核潜艇的认识在当时是十分有限的。核潜艇技术是各个国家的最高机密，各国都进行了严密的技术封锁，而且我国工业基础和技术力量又十分薄弱，造汽车都有些费劲，想要自主研发核潜艇绝非易事。但是新中国对于核潜艇的需求十分迫切。

最初，中国派代表团赴苏联希望能得到帮助，但访问中仅被允许参观了正在试航中的原子破冰船以及民用核电项目。

此后进行的多次交流尝试中，苏方仍对核潜艇建造一事一避再避。

赫鲁晓夫来华时表示 :“核潜艇的技术复杂，你们搞不了，花钱太多，你们不要搞。”赫鲁晓夫借口苏美正在讨论签署禁止核试验条约，单方面撕毁中苏国防新技术协定，停止向中国提供制造核武器的图纸资料和已经订购的原子弹样品，拒绝向我国提供核潜艇的技术援助。毛主席得知苏方的回应后，斩钉截铁地说 :“核潜艇，一万年也要搞出来!”这句气势如虹的誓言，昭示着一种坚不可摧的信念，推动了中国几代“核潜艇人”开创中国核潜艇事业。正是这短短的一句话，开启了中国不依靠外援、自力更生的核潜艇中国制造之路，并渗透到第一代核潜艇研制工作的方

小贴士

中国的原子能反应堆

原子能反应堆是使原子核裂变的链式反应能够有控制地持续进行的装置，是利用原子能的一种重要的大型设备。1958年6月，由苏联帮助中国建成的第一座实验性原子能反应堆开始运行，同时建成了中国第一座回旋加速器并在北京移交，原子能反应堆和回旋加速器的建成标志着我国已经跨进了原子能时代。

方面面，成为核潜艇研制过程中最鼓舞士气的一句话。

一万年太久，我们只争朝夕。1958年底，中央军委同意陈赓大将的建议，按“尖端集中，常规分散”的原则，决定在哈尔滨军事工程学院增设原子工程系，专门培养原子专业的研究设计人才，第一批核工程专业学员共20多人。这一批学员成为中国核潜艇核动力装置的第一批骨干力量。

1960年3月22日国防科学技术委员会成立以海军政委苏振华为组长的核潜艇研制工程领导小组，下设总体组、反应堆组、导弹组和电子组，提出了“核潜艇研制要以反应堆为纲，船、机、电、弹紧紧跟上”的方针，促进了潜艇核动力装置的研究和设计工作。6月，原子能研究所提出了《潜艇核动力方案设计（草案）》，对潜艇核动力装置的堆型、主要技术参数等有了初步的设想构思，为以后的研制工作打下了一定基础。

高歌猛进的中国核潜艇

第一代鱼雷攻击型核潜艇

我国核潜艇的研制并非是一帆风顺。1958年6月，中国核潜艇工程在无资料、无援助、无专家的三无条件下启动。到1963年3月，因为国民经济遇到严重困难，核潜艇研制项目暂时下马，第一代核潜艇的研制被迫中断。与此同时，党中央意识到核潜艇研制团队和关键技术基础的重要性，决定核动力装置和核潜艇的总体设计工作不能停，要求核心队伍继续攻克难点和进行科学实验，为项目后续的启动和顺利开展奠定坚实的基础。

不同背景、不同专业的科研人员聚集在了一起，相互激励，碰撞启发，开始了项目启动前的艰难探索。此时，对于潜艇总体设计师黄旭华来说，摆在面前最大的问题就是“核潜艇长什么样”。对于从未见过核潜艇的黄旭华来说，国内已有的条件实际上就是没有条件，然而这丝毫没有动摇他的决心和信心。

黄旭华说：“没有条件，就骑驴找马，边走边创造条件，如果连驴也找不到，迈开两脚也要上路，绝不等待。”为了了解核潜艇，黄旭华决定发动所有相关人员，从调查研究入手，带着三面镜子出去找，黄旭华分别称它们为“放大镜”“显微镜”和“照妖镜”。搜罗国外新闻报道和资料中一切与核潜艇相关的蛛丝马迹，逐渐地拼凑出了核潜艇的概念。可是研究人员心里还是没有底，不知道真正的核潜艇到底是怎么样的。正在一筹莫展之时，有人从国外带来了两个当时建造的弹道导弹核潜艇的玩具模型，通过剖析其内部结构，验证了研究人员对于国外潜艇内部构造的认识。

通过几年的攻关和多方案论证与试验，坚定了黄旭华及研发团队打赢核潜艇攻坚战的信心。此时的科研人员都在期盼着项目能够早日重新启动。不久之后好消息传来，1964年中国第一颗原子弹成功试爆，对于运载平台的迫切需求提上了议程。1965年3月，周恩来总理组织召开了中央专委会第十一次会议，正式批准核潜艇项目重新上马，并将这项工程列入国家重点计划。

时任核潜艇动力研究室副主任兼副总工程师的彭士禄与中国潜艇核动力研究工作最早的奠基人赵仁恺一起，开启了中国核动力工程的新征程。

核潜艇最初遇到的一个问题就是陆上模式堆方案的决策，彭士禄认为应该先搞一个陆上模式堆，进行模拟、定型后再原样复制到核潜艇上去，周总理在听取多方意见后表示："为了核动力潜艇一次建造成功，必须建造陆上模式堆，这个钱不会白花，是合算的。"

1967年，陆上模式堆的陆上工作启动。1970年7月18日18时，随着"开堆！"一声令下，反应堆功率缓慢上升。实验室大厅空气仿佛凝固一般，人们目不转睛地盯着主控台上一个个仪表、按钮，红红绿绿的信号灯明灭闪烁，仪表盘上的指针旋转或颤动着。彭士禄双眼布满血丝，不放过主控台上每一丝细微的变化。

"不好了！彭总！仪表脉冲管发生泄漏！"突然有人汇报道。"立刻停堆检修。"彭士禄指挥道。

参试人员很快修复了仪表脉冲管。几天后，反应堆重新起堆。7月26日，核动力装置开始由自身发电机供电，这是我国大陆首次实现核能发电。

"彭总！不好了！一回路压力显示超过某值，要不要停堆？"

原来压力表上显示的压力值已经超过了设计压力值数倍，如果压力值不断升高，放射性物质泄漏出来，后果不堪设想！

彭士禄思索了一下，觉得这个数值并不合理，于是他说："先不要停堆，检查一下应变片再做决定。"检查后，果然是应变片出现了问题，使得测量参数严重失真，而反应堆本身并没有问题，继续运行。

事实证明，我们的核反应堆装置总体设计是成功的，各类设备的布局和安装是合理的，运行是安全可靠的。

8月30日18时30分，激动人心的时刻终于到来了，总指挥长站在实验室高台上激动地宣布：核动力装置达到满功率指标。试验大厅顿时欢声一片，庆祝良久后，人们突然意识到他们的头儿不见了，后来人们在值班室的沙发上看到了彭士禄，他太累了，打着呼噜，睡得香甜。

第一代核潜艇首艇1968年动工，1974年正式服役，编入中国人民解放军海军的战斗序列。它是中国第一代攻击型核潜艇，现在这个大家伙已经完成无害化处

> 图174　第一代攻击型核潜艇

> 图175 中国第一代攻击型核潜艇退役后展出的照片

理，在青岛海军博物馆对公众开放展出。

第一代核潜艇采用水滴型线型，十字形艉附体，单轴推进，艏水平舵置于指挥台围壳前部。艇体采用双壳体结构，耐压船体内设有鱼雷舱、指挥舱、前辅机舱、反应堆舱、后辅机舱、主机舱及艉舱等。突出艏端上甲板的是声呐系统导流罩。

第一代核潜艇的研制成功，解决了我国核潜艇的有无问题，实现了毛主席“核潜艇，一万年也要搞出来!”的伟大誓言，使我国成为世界上第五个拥有核潜艇的国家。

长航试验 核潜艇，在和平时期是一支重要的战略威慑力量，在未来战争中将担负着对敌实施核打击的重要使命。为了提高战斗力，核潜艇须进行长航，时任海军司令员刘华清指示：我们核潜艇设计能力是90天。这是讨论指标，到底能不能达到，只有经过试验才清楚。这次长航既是试验艇，也是试验人，大家要准备在海上过两个年，一是元旦，二是春节，70天可以完成任务。既然是最大试验，当然不能把70天当作目标，要瞄准80天、90天。

作为中国完全自主建造的第一型核潜艇，1981年11月进行长航试验，共31天，其中累计水下航行25天，航程6 000海里。

1985年11月同型另一艘核潜艇进行最大自持力考核试验。为了这次试验，时任

> 图176　第一代核潜艇

艇长孙建国在出航前与官兵一起设想了许多应急预案，对每一项预案都进行细化并反复操演，以便发生故障时能够在第一时间排除。

1985年11月20日，核潜艇吻别码头，开始创纪录的水下长航。历史上，核潜艇长航纪录是84个昼夜，由美国“海神”号核潜艇所创造。现在把中国核潜艇首次最大自持和长航目标定在70天完成任务、90天创造纪录的国际水准上，无论对装备性能质量，还是对指战员意志，都是一次超越极限的挑战与考验。在艇长孙建国脑海里，就是奔着90天出航的。

10天、20天机械设备运转正常，人员精神状态良好。

但随着时间的推移，机械设备持续运转产生的噪声，不但严重干扰人员睡眠，而且会令人心慌意乱，产生不安。

同时，大部分饮水水质异常，查了一天，没有找出原因，如不解决，水质越来越坏，含氯量越来越高，将面临核反应停堆的危险。是立即返航，靠码头检修，还是在海里抢修?

艇上人员冒着高温对数千根200度高温的钢管，一组一组地查，终于找到了漏点。警报解除，长航继续，40天、50天、60天、70天……这是一场耐力竞赛，这是一场意志的较量，大家咬紧牙关坚持，坚

> 图177 90昼夜长航试航成功

信最后的胜利就在坚持不懈的艰苦努力之中。

终于核潜艇完成了持续90昼夜的长航训练，返回母港，码头上人山人海，锣鼓喧天，人们纷纷赶来迎接胜利归来的勇士。

这是一场“水下长征”，打破了美国核潜艇长航的历史纪录，创造了中国核潜艇总航时、总航程、水下航行时间、水下平均航速、一次性潜航时间的最高纪录（总航程2.36万海里，相当于绕地球赤道一周，水下航行69天，最长一次水下航行25天），同时完成了十项试验任务，积累了长期水下航行指挥操纵、安全运行等各方面的宝贵经验。

核潜艇最大自持力长航试验成功，令刘华清欣慰不已，他特意挥笔为艇员题词：“水下伏兵，出奇制胜”。

极限深度深潜试验　核潜艇最大自持力长航试验结束后，又一项重大试验——极限深潜试验等待着他们。

极限深潜，主要是检验潜艇总体设计性能和作战能力，包括最大深度潜航、水下全速航行和深水鱼雷发射等试验。在世界核潜艇历史上极限深潜曾导致灾难性惨剧。1963年4月10日，美国“长尾鲨”号核潜艇在进行极限深潜试验时，全体艇员和工程技术人员殒命在2 000多米的深海中，这是人类历史上第一起核潜艇沉没重大事故，震惊世界。自此，核潜艇拥有国都对极限深潜试验慎之又慎。

中国核潜艇提高作战能力和战略威慑力，必须闯过极限深潜这道“鬼门关”。

1988年4月，潜艇带着艇员和参试人员开始向深海潜航。军委副秘书长刘华清一直守候在电话机旁。已经61岁的黄旭华决定亲自参加深潜试验，与艇员同舟共济，同时及时掌握和分析试验数据。试验当天，严格按照预定的试验规定进行，下潜过程中，艇内鸦雀无声，只有艇长下达命令，艇员回报，科技人员报告试验参数变化以及潜艇由于水压变形而发出的咔咔咔的声音。深潜前的夜晚，艇员把个人东西、物品全部打包整个放在床头，且无一例外地在包裹外写上自己的姓名，熄灯就寝号响过，大家都没睡，在写遗书。如果试验失败了，他们为国捐躯，这一纸“遗书”也算是留给家人的一份依托与念想。

深水190米，艇体传出受压声响，通信中断。艇长火速查看通信设备，值班员报告设备运转正常，并确认通信中断不是设备故障引起的，而是由于水温条件所致，请示潜艇部队司令员后试验继续进行。潜艇下潜，突破200米深，艇受压越来越大，艇体传出一阵阵爆响，这响声似春雷让人胆战心惊，经检查设备运转正常。潜艇向生死攸关的300米下潜，参试人员各就各位，认真检查设备运转有关数据，各舱室依次报告“正常”，艇长下令上浮。等升到100米安全深度时，全艇人员都不禁欢呼，握手，拥抱，有的人甚至激动地落泪。黄旭华即兴发挥，写下了“花甲痴翁，智探龙宫，惊涛骇浪，乐在其中”。这也是他当时真实的心境。中国核潜艇成功创造了下潜302米的纪录。

第一代弹道导弹核潜艇

在鱼雷核潜艇研制工作取得进展后的

> 图178　核潜艇发射弹道导弹效果图

> 图179 第一代弹道导弹核潜艇效果图

同时，我国迅速开始了弹道导弹核潜艇的研制工作。

1967年10月，海军审定该型弹道导弹核潜艇的总体方案。

1968年，导弹研制工作进入技术攻关和研制试验阶段。经过数百次的实验，总结大量的数据和经验之后，1972年海军在某海域进行了“现实版”的模型弹发射试验。发射装置点火，导弹被推出发射筒，出水后成功点火。模型弹的发射成功对潜地导弹发射有着重要的意义。

第一艘弹道导弹核潜艇1981年下水，1983年8月交付海军使用。该型弹道导弹核潜艇采用双壳体结构，水滴型艇型，采用成熟的围壳舵、锥尾、单轴单桨和艉十字舵设计。

> 图180 第一代弹道导弹核潜艇

> 图181　航行中的第二代攻击型核潜艇

核潜艇每发射出一枚导弹，潜艇自身的重量就会发生变化，设计师们计算了弹道导弹在核潜艇水下时稳定发射并跃出水面准确攻击水面上目标的过程，确保维持发射前后重量和力矩的平衡。

1988年9月27日，中国导弹核潜艇水下发射运载火箭试验获得成功。2009年4月，该型潜艇作为中国海军建军60周年海上大阅兵的受检首发舰，接受时任国家主席、中央军委主席胡锦涛检阅。

此次导弹发射的圆满成功，标志着中国完全掌握了弹道导弹核潜艇水下发射技术，标志着人民海军装备建设取得了战略性突破。中国成为世界上第五个拥有弹道导弹核潜艇和水下核打击力量的国家，是中国“三位一体”战略核反击力量的重要组成部分，也是中国居于世界大国地位的象征。

党和国家领导人对核潜艇设计、建造、使用单位的关心，促进了核潜艇研制向更高目标发展。

第二代攻击型核潜艇

第二代攻击型核潜艇采用水滴型艇体和双壳体结构。安静性、武器性能和传感器系统比第一代有所改进。可靠性高、隐蔽性获得显著提高，成为打击威力更大的攻击核潜艇。

第二代弹道导弹核潜艇

第二代弹道导弹核潜艇是中国有史以来建造的体型最大、排水量最大的潜艇，首艇已于2004年7月下水。该型艇比起上一代弹道导弹核潜艇，在隐蔽性、传感器、推进系统、可靠性等方面都有较大提高；在安静性、系统性能，以及推进系统等方面，也有明显改进。并且该型弹道导弹核潜艇预计装载新型洲际弹道核导弹。

中国完全依靠自己的能力成功研制出了核潜艇，大大地提高了中国的国防实力。我国将会有更多、更先进的核潜艇，拥有令任何对手都望而生畏的“深海巨鲨”。

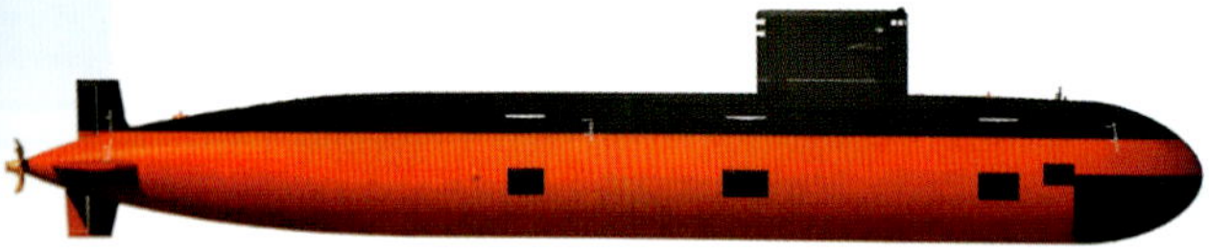

> 图182 第二代攻击型核潜艇效果图

> 图183 第二代攻击型核潜艇

> 图184　第二代攻击型核潜艇停泊在岸边（一）

> 图185　第二代弹道导弹核潜艇停泊在岸边（二）

为中国核潜艇发展作出贡献的人

中国从1958年决定开展核潜艇的研究工作，首先研制出鱼雷核潜艇，同时开始了弹道导弹核潜艇研制工作。从1970年9月弹道导弹核潜艇开工建造，到1981年下水，1983年8月加入人民海军战斗序列，再到1988年水下发射潜地导弹试验成功，前后历时近30年。通过核潜艇的研制，我国造就了一支科研、设计、试验、建造核潜艇的队伍，推动和促进了一大批高新技术项目的发展，为研制新一代核潜艇打下了坚实的基础。

而首批挑起了我国核潜艇开拓任务的只有29个人，平均年龄不到30岁。因为保密，在30年的时间里，他们不能透露工作单位，默默无闻地奋斗，义无反顾地投身于核潜艇事业。

老骥伏枥，志在千里——黄旭华

列宁曾说过一段话："如果党需要把血一次流光，坚决做到，毫无疑问。如果组织上让我的血一滴一滴慢慢流净为止，我也坚决做到！"黄旭华就是像列宁说的那样，要求自己。在忠孝难以两全的情况下，他坚信对国家的忠就是对父母最大的孝，毅然选择忠于党、忠于人民、忠于事业。

黄旭华1949年7月毕业于上海交通大学船舶制造专业，是我国第一批参加核潜艇研究的科技人员，从事核潜艇事业达半个世纪之久；他是中国研制核潜艇的创始人之一、第二任核潜艇总设计师、中国工程院首批院士。他参加了中国核潜艇研制的全过程，为中国核潜艇事业的创业与发展作出了重要贡献。

为了中国的核潜艇事业，新婚不久的黄旭华道别了妻子，只身来到了试验基地。后来他干脆把家也安在了这个荒凉的小岛上。岛上的工作条件是极其艰苦的。人们开玩笑说，岛上一年刮两次风，一次

> 图186　年轻时的黄旭华与第一代核潜艇合影

刮半年。当时岛上每人每月只能供应3两油，伙食当然也相当“绿色”，他们说起来菜色经常换花样，早上是土豆烧白菜，中午是白菜烧土豆，晚上是白菜土豆一起烧。就是在这种艰苦的环境下，核潜艇数千台设备和上百千米长的电缆、管道需要一一地落实解决。那个时候没有先进的计算机，黄旭华就和同事们用算盘、计算尺反复地演算，度过了一个个不眠之夜。

黄旭华先后担任核潜艇工程副总设计师、总设计师，主持第一代核潜艇研制工作。他在第一代艇研制中，在总体设计等多方面作出了重大贡献。

一是主持设计了第一代核潜艇总体和主要设备配置方案，实现了核潜艇设计的化繁为简。

二是提出并决策采用最先进的水滴型艇体外型，成功解决了水滴型核潜艇在高低航速下的稳定性和操作性问题，实现了我国核动力潜艇水滴型的一步到位。

三是决策导弹舱采用圆柱体双排大开口结构形式，攻克了大型艇体结构设计和建造重大技术难题，实践证明了该结构形式是科学合理的。

四是参加了水下发射运载火箭、极限深潜等一系列重大试验，并解决了试验中出现的重大技术问题，保证了导弹在水下的安全发射。

为了尽快完成国家赋予的神圣使命，黄旭华带领科研团队自力更生、艰苦奋斗，先后突破了核潜艇最为关键、最为重大的多项技术。

> 图187　黄旭华院士深情抚摸潜艇模型

黄旭华院士将一生献于国家潜艇事业，30年没有回老家探望，父亲和二哥去世时也没有回家，忍受着兄弟姐妹们的误解，甘做隐姓埋名人。2016年，中国第一艘核潜艇在服役40多年后光荣退役，但是他这个总设计师仍在服役。时至今日，90多岁高龄的黄旭华仍然担任着某研究所名誉所长和高级顾问，继续为我国海军装备事业的发展出谋献策。而他说：“我这一生奉献给了核潜艇事业，我无怨无悔。”

核动力道路上的一头垦荒牛——彭士禄

他是革命英烈的优秀儿子，4岁成为孤儿，8岁被捕入狱，姓百家姓，穿百家衣，吃百家饭长大。他是我国著名核动力科学家。他开创了我国核动力事业的五个第一：

第一座核潜艇陆上模式堆

第一艘核潜艇

第一座核电站技术路线

第一座百万千瓦级核电站

第一座商用核电站

这个人属牛，是核动力道路上的一头垦荒牛。他就是彭士禄。

彭士禄还不到4岁时，他的亲生父母就为革命献出了生命。敌人妄图将彭士禄一家斩草除根，他只得被迫四处流亡，当地的老百姓自发地保护起了彭士禄。彭士禄也不记得自己在多少人家里住过，改过多少次名字，但8岁那年他仍被捕入狱。

经历了超乎想象坎坷的童年，少年彭士禄在周恩来的帮助下，15岁来到了革命圣地延安开始了他黄金般的学生时代。1951—1956年，彭士禄就读于苏联喀山化工学院和莫斯科化工机械学院化工系。5年的学习时间里，彭士禄共消化了36门课，其中33门为优秀。

1956年，正在准备毕业和归国的彭士禄忽然接到大使馆通知，一位领导问他是否愿意改行。彭士禄坚定地回答说“当然愿意，只要祖国需要”。原来当时我国的核事业尚未起步，周恩来总理想从学生中选择一批优秀的学生转专业学习核专业。他就是人选之一。

就这样，1956年彭士禄并没有回到祖国，而是在莫斯科动力学院开启了为期2年的学习。也是从那时起，他与核这项神秘的事业结下了不解之缘。回国后的彭士禄很快加入到核潜艇的研发团队之中。1961年，在核潜艇项目暂时下马之际，时任核潜艇动力研究室副主任的他，一面进行主参数的设计和演算工作，一面给当时的非核人员开设核动力相关的课程，为我国培养了大批的科学技术骨干。

方案确定后，彭士禄便马不停蹄地开始了模式堆的选址和模式堆的设计工作。作为科班出身的他总是事必躬亲，亲自验算每一个主参数。一次在进行反应堆的某个参数设计时，彭士禄发现之前将一个重要的参数设定为200个大气压，彭士禄对此提出了质疑，有人提醒他这个参数是参照当年“列宁”号破冰船提出的，而这个参数的设计者可是当年教你的苏联老专家。彭士禄听后表示：“人家的事儿我不管，但是我是总师，不能把模式堆的事当儿戏，轻易相信别人的参数。在这个参数得到论证前，决不能轻易采用。”于是，彭士禄开始了新一轮的演算和推导。经过推导，彭士禄确定200个大气压一定是不正确的。“虽然我们搞得是第一个核反应堆，尚无成功经验，但我们也不能人云亦云，只相信别人，不相信自己。青出于蓝而胜于蓝是常有的事儿，学生为什么就不能否定老师、超过老师呢？”于是彭士禄为反应堆选择了一个数值。8个月后，“列宁”号破冰船出来澄清他们当时选择的参

> 图188　彭士禄和团队给非核成员培训

数并不是200个大气压，是杂志社报道错误所致。

1967年，彭士禄开始了陆上模式堆的陆上工作，人们遇到问题总喜欢找身为总师的彭士禄来定夺，而彭士禄观察后总能很快得出问题所在，当机立断，拍板做决定，于是人们都亲切地称他为“彭拍板”。

定制核反应堆设备时，按常理应该先定制一套陆上模式堆的设备，经过试验完善后再定制水下实验设备，但彭士禄凭借自己学机械出身的经验认为，原理已经很清楚，经过陆上试验后，设备上的小修小改一定会有，但不可能推倒重来，所以彭士禄拍板同时定制两套设备，一套设备价格高昂，这是一个需要承担很大风险的决定。而事实证明，因为这个拍板，就将中国第一艘核潜艇的下水时间提前了2～3年。

彭拍板的果敢来自他扎实的专业知识基础、过人的胆识和丰富的实战经验。他这种有担当、敢负责的品质让核潜艇研发少走了不少弯路。

1970年，“长征一号”核潜艇顺利下水，庞大的钢铁之躯亮相于蓝天之下。这

> 图189 彭士禄工作图

> 图190 彭士禄和团队一起在现场汇报

时彭士禄任副总工程师，他带了十几个人，从大西南赶到东北的造船厂继续指导核反应堆的安装和整个核动力装置的调试，为核潜艇的核动力装置提供了大量参考依据，仅用了一年就完成了艇上核动力装置的试验任务。他有胃病，经常胃痛，在一次现场调试的紧要关头，彭士禄因过度胃痛，昏倒在了工作岗位上。他被抬到医务室，医生诊断为急性胃穿孔，必须马上处理，否则会有生命危险。北京闻讯后，派专机把医生送到工地现场，手术在工地现场举行，切除了彭士禄3/4的胃。在手术中，医生发现彭士禄的胃上还有一个已经穿孔并且自行愈合的伤疤，医生感叹道：“彭士禄，你的忍耐力实在是太强了。”

在艇上核动力装置的试验中，彭士禄也跟着一起试航。有些水下试验是非常危险的，每当临行前，彭士禄总是半开玩笑地对夫人说：“别担心，相信我们一定能够成功。但如果万一喂了王八，你可别哭啊！”

他的一生获得了许多荣誉，尽管有这么多的光环加身，他从来不觉得自己劳苦功高。他说他一生只做了两件事，一是造核潜艇，二是造核电站。

核缘未了情——赵仁恺

赵仁恺曾组织核潜艇核反应堆的研制，1961年底由核潜艇战线转移到原子弹研制战线，成为自力更生进行我国军用钚生产堆的研究设计和建造的技术负责人。经过几年的艰苦奋斗，到1964年，军用钚的生产堆建成，原子弹爆炸成功，这一成果为核弹以后移植到核潜艇上提供了技术基础。他面对潜艇核动力选用的压水型反应堆，则几乎是从头学起。但他硬是挑起了这副重担，踏上了中国研制潜艇核动力的艰辛历程。

在艰苦的开创时期，他经过调研分析、探索研究、分析计算方案论证、筛选试验，完成了《潜艇核动力方案设计（草案）》，为研制我国第一个潜艇核动力反应堆迈出了极为可贵的第一步。

为了工作，他离别妻子儿女，上草原，进沙漠，蹲山沟，踏海浪，奔波于祖国的东南西北，进行核动力反应堆的研制和试验，以至连自己的80岁老母逝世、唯一的亲兄弟病故，也没有来得及回去见最后一面。

1966年初冬，他担任核潜艇陆上模式堆副总工程师，率领设计队奔赴祖国大西南，承担设计、建设潜艇核动力陆上模式堆和核动力研究设计基地的艰巨任务。每个关键数据都要亲自校核，每个计算结果都要亲自验算审定。

1970年，核动力装置陆上模式堆的两台发电机组发电并网，在我国首次实现核能发电；但他没有陶醉在成绩簿上，继续为核潜艇安装核反应堆而奋斗，直到第一代核潜艇圆满完成试验、试航，交付部队。

核潜艇交付使用后，他继续组织对核潜艇“心脏”进行改进完善，负责配合部队做好潜艇核动力的技术保障工作。30余年里，从未发生核事故，有力地保证了第一代核潜艇交付使用后的各项重大试验。

1985年和1988年，他参加了第一代弹道导弹核潜艇水下发射导弹试验。在这两次行动中都胜利地完成了潜艇核动力的配合保障任务。他说：“当时为导弹高精度命中目标而欢欣鼓舞，为全体参试者共同完成任务而欢庆胜利。”

1988年赵仁恺率队参加深海试验，试验证明潜艇核动力性能完全达标，完成了潜艇核动力最后一项，也是最难、最具风险的一项考核任务。

赵老一生为研制核潜艇呕心沥血。1985年，他作为核潜艇研制的主要参与者，荣获“第一代核潜艇的研究设计”国家科学技术进步特等奖。1991年和1994年分别当选为中国科学院院士和中国工程院院士。

两弹一星元勋——黄纬禄

黄纬禄是一位与中国航天事业共同走过半个世纪的“两弹一星”功勋奖章获得者、中国科学院院士、国际宇航科学院院士、中国首枚潜地导弹总设计师、中国第一艘核潜艇副总设计师、航天科技集团和航天科工集团高级顾问，也是我国陆上发射井液体战略导弹副总工程师、水下核潜艇固体潜地战略导弹总设计师、陆上机动车固体战略导弹总设计师和地空导弹武器系统总设计师，是备受崇敬的知名导弹专家，蜚声国防科技界和航天界。

1964年10月16日，我国第一颗原子弹爆炸成功，在全世界引起了巨大震动，而在这一批导弹科研人员之中，就有黄纬禄，他也是我国最早见过导弹的人之一。

1970年，为使中国尽快拥有核打击能力，黄纬禄被任命为固体潜地导弹总设计师。

1982年是潜地导弹研制的关键一年，试射的时刻也终于到来了，但让人没想到的是第一次试验失败了，这对于总设计师黄纬禄来说需要承受的压力是巨大的。他茶不思、饭不想、坐不安、睡不宁，离国家预定的禁海结束时间越来越近，如果无法按期完成任务，对于国家的损失是巨大的。第二发导弹何时打，大家都很犹豫。黄纬禄带领团队经过几天的煎熬，找出了问题并提出了解决办法，他们秉持着任何时候都要以党和国家的事业为重，从实际出发，大胆负责，不应考虑个人得失的想法，决定再次进行导弹发射。

1982年10月我国成功完成“巨浪-1”号弹道导弹水下发射试验。而为了这一刻，黄纬禄的体重在两个月内掉了22斤。“固体潜地战略武器及潜艇水下发射”获1985年国家科学技术奖特等奖。潜射导弹试验成功为我国固体导弹的进一步发展奠定了坚实基础。

1988年，黄纬禄带领科技人员，攻克最后的难关，终于从核潜艇上发射潜地固体导弹成功。

潜地导弹研制成功后仅两年，陆基机动固体战略导弹武器系统也于1984年发射成功。这两型固体导弹填补了我国导弹与航天技术的空白。

1994年，黄纬禄被授予“杰出科学家光辉奖”，他的业绩影响了几代航天人的成长。他提出的“有问题共同研究，有困难共同克服，有余量共同掌握，有风险共同承担”的四共同原则，至今仍影响、推动着我国航天事业发展。

黄纬禄曾说过：中国当时为什么总受外界欺负，主要就是我们国防能力差，虽然不能说有了这个导弹国家就强盛，但至少对国家作了一点贡献。

总师们的密切协作，为一代潜艇的研制成功作出了重大贡献。这些潜艇研制者，是时代的佼佼者，是科技业的顶梁柱，也是默默无闻的英雄。正是他们几十年如一日的付出，才使得我国第一代攻击型核潜艇仅用了12年时间就成功交付。

> 图191　四位总师在核潜艇前合影（黄旭华、黄纬禄、彭士禄、赵仁凯）

第5章 幽灵使命

——潜艇的分类、任务与特点

各有类别、各有所属

潜艇的分类

潜艇，作为水下的“尖兵利器”，已历经几百年的锤炼，其分类方法有很多，但常用的主要有以下几类。

按照作战使命及携载武器类型划分

可以分为战略潜艇、战术潜艇、特种潜艇。

战略潜艇

战略潜艇的主要使命任务是摧毁敌人固定的军事、政治、工业、交通中心等战略目标或设施，通常指的是携带核弹头的弹道导弹潜艇。

弹道导弹的战斗部通常为核装药，爆炸威力大、摧毁力超强。装备有中远程弹道导弹的潜艇，相当于一个弹道导弹的海上活动发射基地，利用机动性与隐身性，可极大缩短与敌目标的距离，再结合自身强大的战斗力，使敌人防不胜防，只能坐以待毙。

> 图 192　弹道导弹核潜艇

> 图193 巡航导弹潜艇

当今世界许多弹道导弹潜艇都采用核动力的形式，这种潜艇被称为弹道导弹核潜艇，又称为战略核潜艇或战略导弹核潜艇，它是以洲际弹道导弹为主要攻击武器的核动力潜艇。目前世界上弹道导弹核潜艇近40艘，美国居首位，俄罗斯其次，英国、法国、中国也拥有相当的数量。

作为核三位一体当中最为关键的一环，弹道导弹核潜艇虽归海军建制和指挥，但战略性调防、部署和导弹发射必须服从国家最高层的指挥。平时，弹道导弹核潜艇游弋于水下，对敌实施战略核威慑；一旦战斗需要，立即组织核反击，令锁定的敌方重要军事目标“粉身碎骨”。

战术潜艇

战术潜艇的主要使命任务是对敌舰、敌港口及岸基设施实施战术攻击，破坏敌海上交通线，执行侦察、巡逻、布雷等任务。由于大多以主动攻击为主，因此又称攻击型潜艇。

按照实施战术攻击时采用的武备不同，又可分为巡航导弹潜艇、鱼雷潜艇、反潜潜艇等类型。

巡航导弹潜艇　是以巡航导弹为主要攻击武器的潜艇。相比鱼雷，巡航导弹具有射程远、射速快等特点，因此巡航导弹潜艇的主要任务是对较远距离的海上、空中和陆上目标进行攻击。

鱼雷潜艇 是以鱼雷为主要攻击武器的潜艇。由于鱼雷的航程短、航速低，鱼雷潜艇宜于对近距离的水面和水中目标发起攻击，其主要任务是反潜或歼灭敌方水面作战力量或物资船舶等，在特殊情况下也可执行运输等任务。现今，潜艇的鱼雷发射管使用功能不再单一，也可以用于发射巡航导弹，鱼雷潜艇与巡航导弹潜艇两者在外形上已非常相似。

反潜潜艇 是执行反潜任务的潜艇。反潜潜艇装备有性能良好的声呐设备，自身噪声极低，航速高、机动性好，可以迅速、准确、远程地（先于敌潜艇）监测并判明敌潜艇，并能迅速在大洋中的适宜位置占据有利地形，跟踪和攻击敌潜艇，完成任务后又能迅速撤离到安全位置。一般反潜潜艇装备有反潜鱼雷或水下导弹，以实现对敌潜艇的有效攻击。

特种潜艇 是执行其他特殊任务的潜艇的统称，或可称为辅助潜艇。特种潜艇常用于布雷、运送侦察人员或蛙人、进行军事或科学探测等，一般吨位不大，但在操纵性、潜深等方面有较高要求，而且装有一些特殊装备。

按照动力装置划分

按照动力装置划分，可以分为核动力潜艇和常规动力潜艇，这是常见的一种分类法。

核动力潜艇

核动力潜艇是以核反应堆为动力的潜艇，简称核潜艇。与所有核动力舰船一样，它也具有航速高、能量足、续航力接近无限等优点。核潜艇无需携带燃油，因此可以节省大量的内部空间用于装载弹药、备品备件等有用物资。试想一下，一个高尔夫球大小的铀块燃料可让排水量几千吨的核潜艇持续航行几万海里，若潜艇

> 图194 核潜艇

以柴油作燃料，油舱容积必须奇大无比，需接近百节火车车厢大小！

在世界各国中，美国率先实现了潜艇全部核能化，英国、法国也在20世纪90年代基本实现了这一目标。目前，俄罗斯尽管是核潜艇建造数量最多的国家，但仍保留一部分常规动力潜艇，中国则只拥有少数核潜艇，还是以常规动力潜艇为主。

核潜艇虽然先进无比，但也存在着技术复杂、造价昂贵、只适合深海使用等弱点。一般情况下，如果一个国家没有战略需求，或者科技、经济实力欠缺，就不会发展核潜艇。

常规动力潜艇

常规动力潜艇是以柴油机、蓄电池组和电动机为动力的潜艇。潜艇在水面或通气管状态航行时，柴油机带动发电机发电，推进电动机带动螺旋桨工作，并给蓄电池充电；当潜艇在水下航行时，由于没有空气，柴油机无法工作，此时由蓄电池

小贴士

特种潜艇的分类及用途

特种潜艇主要包括雷达哨潜艇、布雷潜艇（水雷/鱼雷潜艇）、运输潜艇、深潜救生艇等。

雷达哨潜艇装备有大功率雷达，可对来袭的敌机进行早期探测，或者为拦击敌机的己方飞机进行引导并提供返航标志，也可用来干扰敌方的无线电通信及雷达工作。

布雷潜艇是利用专门布雷装置在水面或水下布设水雷的潜艇，目前专门布雷的潜艇已不再建造。

运输潜艇是利用在艇内或上层建筑上设置的专门设备来运输液体或固体物资，并向海上舰艇补给物资的潜艇。相比水面运输船，它不受海上气象条件的影响，运送作战物资具有极大的隐蔽性。

深潜救生艇是一种单用途的小型袖珍潜艇，可用来对遇难潜艇的艇员实施救生作业。

> 图195 俄罗斯台风级核潜艇

组向电动机供电。

相比核潜艇，常规动力潜艇具有隐身性好、机动性优、技术难点小、建造周期短等特点。同时造价也低廉，往往几艘甚至十几艘常规动力潜艇的费用才能顶得上一艘核潜艇。另外，常规动力潜艇可以执行中近海巡逻、攻击等任务，尽管综合作战性能相对较弱，但仍为中小国家海军所青睐。当然，常规潜艇的缺点也十分明显，它在水下全速持续航行5～10个小时可能就没电了，必须到水面上来“透透气”。

曾几何时，核潜艇的出现让常规动力潜艇黯然失色，但常规动力潜艇毫不气馁，凭借自身优点，还是在当代海军潜艇部队中占据了一席之地。近期一种特殊的常规动力潜艇——AIP潜艇的出现，更使得常规动力潜艇光芒四射。

按照排水量划分

按照排水量划分，可以分为大型潜艇、中型潜艇、小型潜艇和袖珍潜艇。

> 图196 常规动力潜艇

小贴士

AIP潜艇

AIP的全称为air independent propulsion，即不依赖空气动力装置。AIP潜艇采用了不依赖空气推进的发动机，为此水下“憋气”本领大为提升，相应地隐蔽性也较普通常规动力潜艇上了一个台阶，为许多国家所青睐。目前AIP主要有空气封闭柴油机、斯特林闭式动力机、闭式循环汽轮机和燃料电池等。

> 图197 首艘AIP潜艇

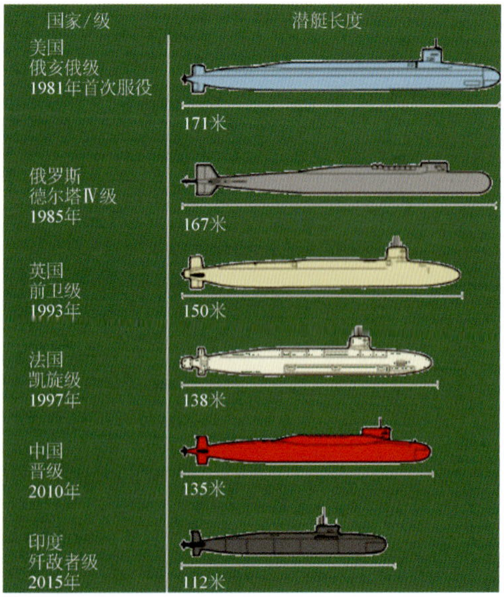

> 图198 不同排水量潜艇的比较（一）

大型潜艇

大型潜艇是指排水量2 500吨以上的潜艇。大型潜艇续航力大于10 000海里，可在远离自己基地的敌岸沿海和大洋交通线上进行战斗活动。它的战斗活动能力强、武器配备量大、观察通信设备齐全。

中型潜艇

中型潜艇是指排水量1 000～2 500吨的潜艇。中型潜艇续航力为5 000～10 000海里，可在中远海范围内进行活动。相比大型潜艇，由于受艇体容积限制，其武器装备、观察通信以及战斗威力等各方面相对较弱。

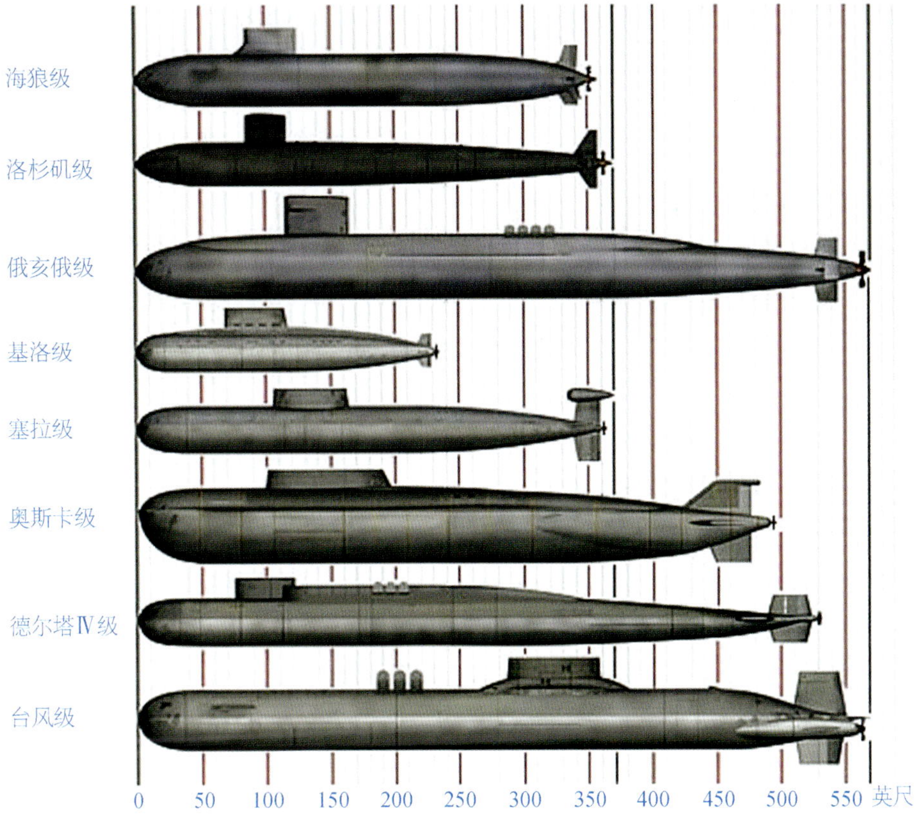

> 图199　不同排水量潜艇的比较（二）

小型潜艇

小型潜艇是指排水量为100～1 000吨的潜艇。小型潜艇续航力一般小于5 000海里，可在中近海、狭窄海域或浅水区进行活动。它的武器装备及攻击能力相对较弱。

小型潜艇也有独到之处，如噪声小、不易被敌方发现，便于接近敌目标进行攻击；造价低、便于大量建造；战时可采取“狼群战术”，弥补单艇攻击威力弱的缺点。

袖珍潜艇

袖珍潜艇是指排水量低于100吨的潜艇。袖珍潜艇续航力很有限，只能在沿岸浅水区域或在携带袖珍潜艇的母舰附近活动。

袖珍潜艇凭借自身迷你的身材，可以执行一些特殊任务，如在浅水近岸、狭窄航道、曲折海湾、岛屿间等区域输送少量侦察队员登陆，执行对敌基地侦察或对敌舰进行袭击、爆破等。

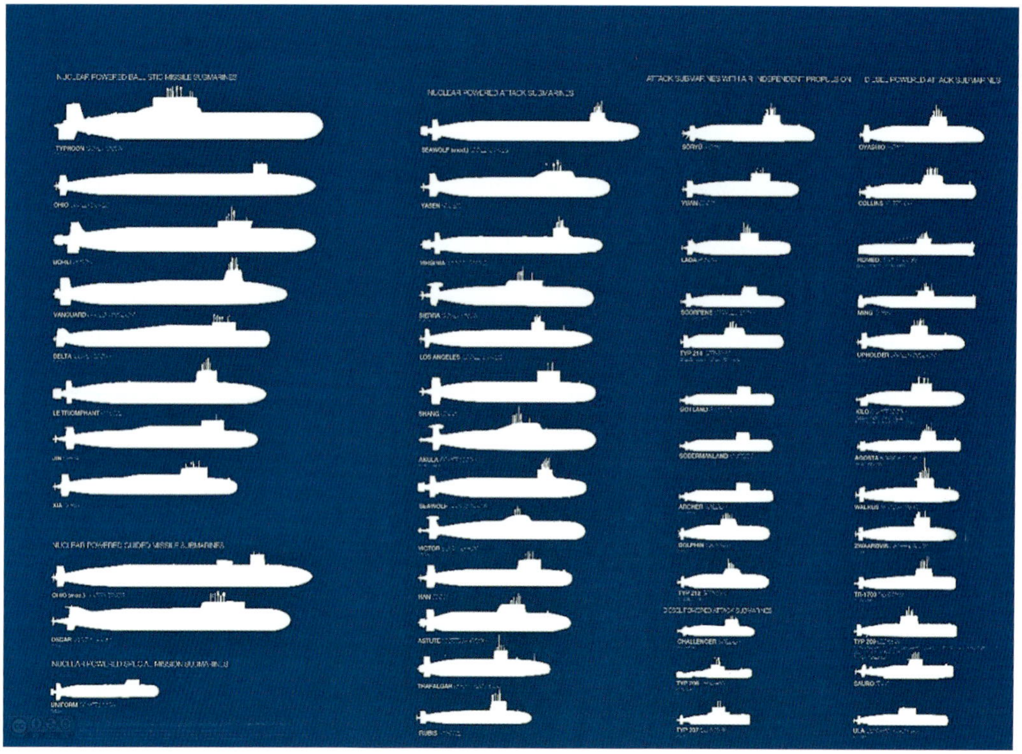

> 图200　2015年全球潜艇一览

幽灵的本领

潜艇的使命任务

作为“水下幽灵”，潜艇拥有许多本领，主要可以分为实战类和非实战类。实战类本领主要包括反潜、兵力秘密投送、对海作战与对陆作战等，是潜艇在战时承担的主要使命任务。非实战类本领主要是指潜艇和敌方不直接发生正面冲突的本领，如侦察探测等。

作为“水下刺客”，攻击敌方水面舰船和运输船

利用“水下刺客”隐蔽性的优势，潜艇可以在神不知、鬼不觉的情况下接近敌方舰船或运输船队，并发起突然攻击，在敌人回过神来准备反击时，它早已逃之夭夭。

这是一战以来潜艇表现出来的最明显优势和最主要本领。二战期间，德国采用“狼群战术”，用一定规模的潜艇兵力，围歼英美海上运输船队，取得了丰硕的战果。

> 图201　发起攻击的潜艇

> 图202　作为“水下刺客”的潜艇

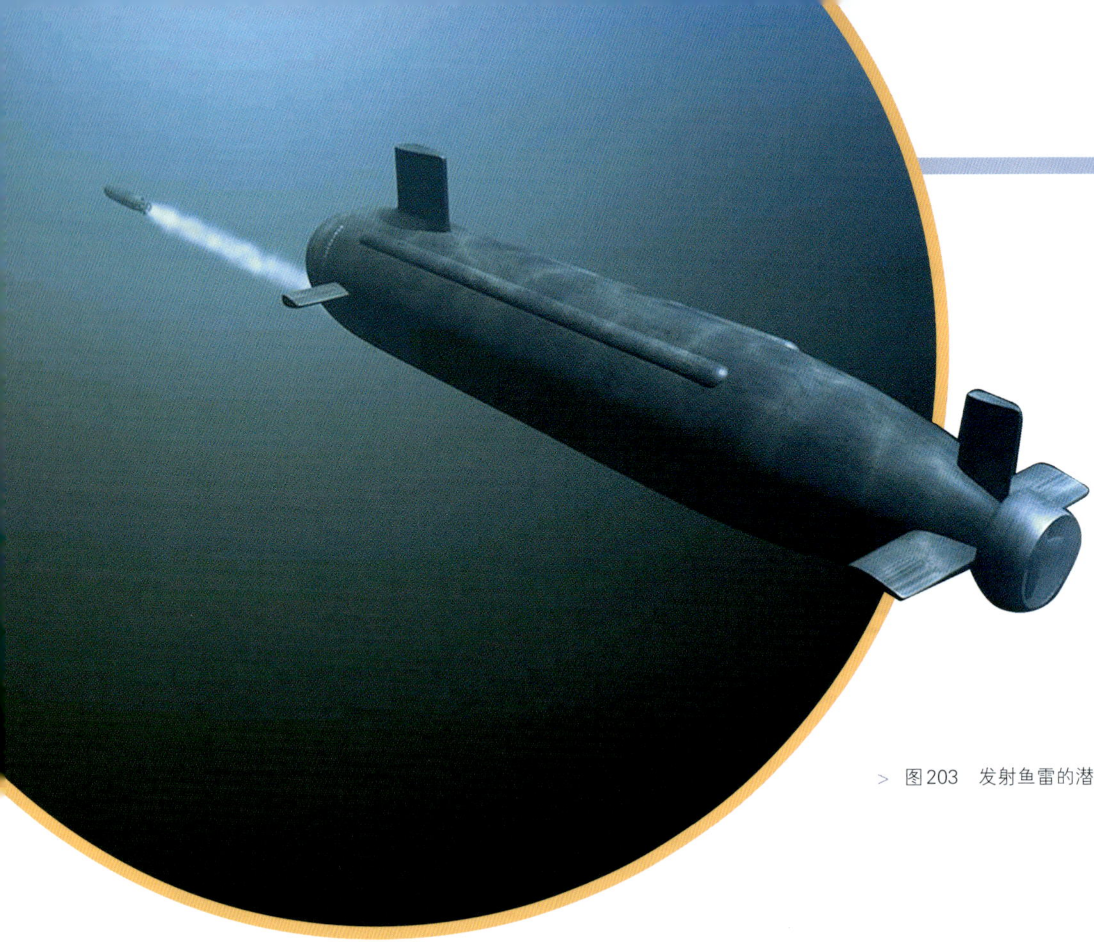

> 图203　发射鱼雷的潜艇

以其人之道还治其人之身，执行反潜作战任务

二战后反潜自导鱼雷的出现，为潜艇新添了一个使命——反潜。潜艇担任反潜任务具有独到的优势，它可以独立隐蔽在敌占海区、敌潜艇基地或港口外、敌潜艇必经航路上，待敌潜艇通过时发起突袭，打敌人一个措手不及。此外，潜艇还可以参与航母编队遂行反潜任务。目前，世界各国的作战潜艇都具备反潜能力，尤其是攻击型核潜艇，既可以为己方提供防潜警戒，还可巡游搜索和攻击敌潜艇，使对方潜艇丧失隐蔽的优势。

在冷战时期，美国在苏联塞维罗温斯克附近海区部署了一艘洛杉矶级攻击型核潜艇，长期监视苏联潜艇基地的动静。有一次，美国潜艇“听”到一艘苏联潜艇（台风级）从基地出来，艇长立即命令安静追踪并进行近距离观察，于是苏联潜艇的一举一动都在美国潜艇的“监听”下，包括主机噪声、舱门开关声、用鱼雷管倾倒垃圾的声音等，甚至在夜间苏联潜艇上浮之际，美国潜艇还拍摄了大量的视频资料。诸如此类的反潜捉迷藏游戏在现代海战战场中仍在悄无声息地上演着。

> 图204 在巡游搜索中的潜艇

> 图205 洛杉矶级攻击型核潜艇

实施军事威慑，使敌“谈潜色变”

实施军事威慑是潜艇的另一项重要本领。潜艇以其水下良好的隐蔽性，连续作战的长期性，深入敌后和大范围作战的广阔性，常令敌方“谈潜色变”，特别是有核国家的弹道导弹核潜艇，已成为三位一体核力量的重要组成部分。

潜艇的隐匿性和核武器的杀伤力，两者相结合足可以让世界上任何一个国家忌惮三分。一艘战略导弹核潜艇一天可潜航1 000千米以上，而且可以连续水下航行3个月不上浮。若它所搭载的潜射导弹射程在8 000千米以上，它就能够从海上攻击地球表面任何一点；若射程超过10 000千米时，基本上不用远航，在本国领海内的水下发射导弹就能摧毁目标，其威慑力是十分巨大的。由于潜艇具有比陆基更强大的生存能力，目前英国100%、法国80%、美国50%、俄罗斯20%的战略核武器都装载在弹道导弹核潜艇上。俄罗斯的北风之神级核潜艇搭载作战半径在8 000千米以上的洲际导弹，被认为是世界最先进的核潜艇之一。

潜艇的威慑能力在21世纪还将进一步加强，一旦巡航导弹的射程足够远、可以

> 图206　弹道导弹核潜艇

> 图207 俄罗斯北风之神级核潜艇

装载小型核弹头，则任何潜艇都能实施报复性的核打击，其威慑作用将具有其他兵器难以达到的巨大效果。

担任移动的水下基地，遂行对岸作战任务

由海向岸发动突击，已成为现代海战的一个有效途径。在二战时，潜艇就有了这样的能力，可以利用艇上的舰炮对岸上目标进行射击，但战果一般。现今，潜艇已可以装备巡航导弹、地地弹道导弹等潜射导弹，利用潜射导弹的隐蔽性及强大的生存力，再配合上潜艇优良的机动性能，潜艇可担任移动的水下基地，摧毁敌方沿岸乃至国土纵深内的目标。

> 图208 美国“路易斯维勒”号核潜艇

1991年海湾战争中，美国攻击型核潜艇“路易斯维勒”号游弋在千里之外的地中海和红海，在伊拉克毫无察觉的情况下，先后发射了8枚巡航导弹，精准攻击了伊拉克陆上纵深目标。目前只有美国和俄罗斯具有这种对岸精确攻击能力。

布设“八卦阵”，执行布雷任务

水雷在海战中亦发挥着至关重要的作用。潜艇作为水下杀手，它使用水雷十分得心应手，不仅可以通过布设水雷进行防御，还能够深入敌区布雷，牵制与分散敌人的兵力，以分布在广大海区的少量水雷给敌人造成经常性的军事威胁。同时，潜艇利用长期隐蔽侦察和易于探明敌人航线的优势，可在最适宜的海域和时机布下“八卦阵”，让敌人一出门就损失惨重，把水雷的作用发挥得淋漓尽致。通常布雷是小型潜艇的主要作战任务，中型潜艇也可用于近海布雷。

据悉，从1942年10月—1945年5月，美国海军在太平洋地区共用32艘潜艇布设了658颗水雷，炸沉炸伤日本海军54艘舰船，平均每12颗水雷就可炸沉或炸伤一艘舰船，其作战效益极其显著。

作为优秀的侦察兵，执行水中侦察与监视

潜艇是一名优秀的“侦察兵”，独立侦察能力特别强，能够远离己方海岸，长时间地对敌目标进行侦察和监视，查明敌人的非正常调动和集结情况，无论是在和平时期还是在战时，都是承担水中侦察任务的“好手”。1942年，美国在中途岛防御战役中组织25艘潜艇进行侦察，及时发现了日本舰队的位置并发起攻击。日军舰队竟然毫不知情，因此损失惨重，从而使美军从被动的防御作战中取得了主动权，并最终大获全胜。

> 图209　潜艇和水雷（一）

> 图210　潜艇和水雷（二）

> 图211　参与中途岛防御战役的“鹦鹉螺”号潜艇

此外，潜艇还能承担运送特种作战力量、清理舰队作战水域，以及为舰队航行提供导航和预警等多种任务，是一名全面发展的“水下杀手”。

幽灵的习性

潜艇的特点

“水下幽灵”潜艇在大洋之下，来无影、去无踪，在海战中发挥了许多神奇的作用。与其他水中兵器相比，它具备自己独特的习性，归结下来主要有以下几方面。

隐蔽性好

隐蔽性好是潜艇最大的优势与特点，即使是当前隐形飞机、隐形战舰都无法与之媲美。潜艇以深不见底的海水为天然屏障，采用降低噪声、改进武器与设备工作方式等一系列隐蔽性手段，把自己打造为一名深海“隐形人”，使那些装备各种探索器材的飞机、军舰甚至卫星都无能为力。即使是探潜神器——声呐，一旦远离潜艇较远或潜艇潜入水中太深，受作用距离的限制，也常常会一筹莫展。

现代潜艇更是把隐蔽性的优势发挥到了极致，利用自身装备的声呐，一旦发现敌方舰艇就远远躲开，而在较远距离上向敌目标发射鱼雷、导弹等武器。常常出现这样的现象，某一敌舰被潜艇武器击中后，仍不知对手在何方，更不用说发现潜艇的踪迹了。美国和苏联的潜艇甚至发生过水下相撞的惨剧，相撞前双方竟都不知道有艘潜艇正向自己逼近，可见潜艇在深海中的隐蔽性有多么厉害了。

攻击能力强

潜艇能在水下发射导弹、鱼雷和布设水雷，以攻击海上和陆上目标。现代攻击型导弹潜艇一般可携带多枚导弹，可攻击数十甚至数千海里之外的目标，而这

> 图212　两艘潜艇相互逼近却全然不知

> 图213　发射导弹的潜艇

些导弹，有的还可一弹多头，有的还是核弹头。所以，一艘导弹潜艇的作战威力十分了得，在1万吨TNT当量以上，有些达百万吨甚至千万吨TNT当量，其爆炸威力可与一个核武库或核导弹发射基地一较高低。

> 图214　发射鱼雷的潜艇

小贴士

潜艇攻击敌目标的方式

利用自身在深海中的绝对优势，潜艇攻击敌目标的方式也是极为独特，俨然是一位经验老到的“战术大师”。守株待兔——只要情报得当，提前掌握敌方行踪，潜艇就可以提前部署到位，在水下舒舒服服地等待敌军自投罗网。“狼群战术”——在开阔海域，十几艘甚至几十艘潜艇四处游猎，一旦“猎物”出现，就如狼群般蜂拥而上，把它啃得尸骨无存。主动突击——依赖精确的情报信息，潜艇可以悄无声息地接近敌目标，主动突击，直接将敌人扼杀在睡梦中。

现代鱼雷潜艇一般装有4～8具鱼雷发射管，假若这些鱼雷同时发射且都命中目标，那么任何水面军舰及水下潜艇都将被击沉、击毁。而且鱼雷潜艇上大多还可携带数枚备用鱼雷，在鱼雷发射管内的鱼雷发射完之后，可重新装填，进行多次水下攻击。

续航力长、自给力大

为了提升作战半径、增强作战能力，续航力长、自给力大一直是潜艇致力的目标。核动力潜艇无需消耗燃油，极大地解决了潜艇有限空间下携带物资少的难题，其续航力成十倍上升，可达十万甚至几十万海里，自给力也可达近百天。1985年

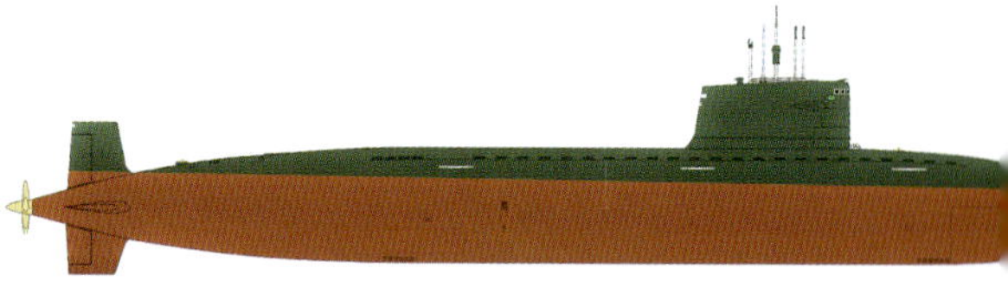

> 图215 中国的某鱼雷潜艇示意图

中国某型鱼雷核潜艇连续航行了90昼夜零5小时，打破了美国核潜艇“海神”号连续航行84天的纪录，航程达2.36万海里，自给力非常强大。

现代常规动力潜艇也不甘示弱，尽管与核潜艇难以比拼，但通过采用集成优化设计、先进的常规动力等技术，续航力也已可达到1万海里，甚至有些性能优良的常规动力潜艇可达3万海里，续航力几千海里的水面舰艇也只能甘拜下风。

> 图216 续航力上万海里的常规动力潜艇

同时，现代常规动力潜艇的自给力也得到了极大的提升，连续航行一两个月也不在话下。

拥有了强大续航力、自给力的潜艇，可以长时间远离基地，到更遥远的海域活动，甚至可以深入敌方海域独立作战。

下潜深度大、潜航时间长

相比水面战斗舰艇，潜艇不仅能下潜到水下，而且潜深较大，少则上百米，多则近千米。据悉苏联麦克级攻击型核潜艇，下潜深度达1 000多米，创造了潜深最大的纪录。当然潜深越大，意味着耐压壳体越结实，往往需要使用价格昂贵的材料，研发成本会成倍上升，所以现在各国

小贴士

续航力和自给力

续航力是指满载的潜艇以巡航航速水下/水上连续航行时，把所装载的燃油、滑油和机械用水都消耗殆尽，所能航行的最远距离。

自给力是指满载的潜艇消耗掉所有的燃料、淡水、食品等物资，中途不进行补给，能在海上连续活动的最长时间。

> 图217 苏联麦克级攻击型核潜艇（一）

图218 苏联麦克级攻击型核潜艇（二）

的潜艇并不会刻意去追求不切实际的大潜深，一般常规动力潜艇潜深在15～500米之间，而核潜艇一般保持在200～600米。

随着科技水平的不断提升，潜艇在水下潜航的时间也在不断加长，从早期的以水面航行为主、水下航行为辅，到后来通气管等技术的应用，潜艇实现了从水上向水下的转变。核动力、AIP技术的应用更是让潜艇如虎添翼，水下航行时间可以达到上百天，潜艇成了真正的水中王者、深海霸主。

潜艇是"水下刺客"，航母是"海上霸主"，两者究竟谁更胜一筹呢？这是一个颇有争议的话题。

俗话说，明枪易挡，暗箭难防。如果潜艇能够悄无声息地潜入航母编队的防御圈，那么答案一目了然。二战中，许多航母被潜艇击沉，就是因为航母没能"提防"住潜艇。2013年10月美英组织的阿曼湾军演中，美国"达拉斯"号潜艇无限接近英国"卓越"号航母，而英国航母全然不知。似乎潜艇更胜一筹？

但事实上，航母与潜艇决战绝不可能单刀赴会。现代航母都是编队航行，空中有舰载机，水面有作战舰艇，水下有潜艇，在这么多"保镖"的保护，潜艇要接近航母似乎有些困难。当然，如果潜艇的各方面技术水平完胜航母编队，这就另当别论。因此最终潜艇与航母的对垒结果将取决于两者之间的技术水平差异，这也是各国不断发展科技水平的动力所在。

难言之隐

潜艇的弱点

和其他兵器一样，潜艇这位"水下幽灵"也非尽善尽美，也有自己的难言之隐。

自防御能力弱

潜艇自诞生以来，就以攻击能力强而著称，但其防御能力就有点难登大雅之堂了。三十六计、走为上策，急速下潜、关机静默是潜艇的主要防御手段。对于海中的对手，潜艇可以用进攻来弥补防御的不足，但遇上反潜飞机时，潜艇就真的有点招架不住了。据统计，在二战中，德国损

小贴士

潜 深

潜深作为潜艇的一个重要指标，加大潜深主要有两方面重要的作用：一是潜艇活动海域会更加深远，从而可提高潜艇的机动性和生命力；二是可以充分利用不同海底深度海水密度变化现象，从而增加声呐的作用距离。另外，潜艇还可在深海的庇护下获得更好的隐蔽性。

> 图219　二战时的德国潜艇

失的700多艘潜艇中有接近一半是被反潜飞机击沉的。这种强有力的水下兵器，遇到反潜飞机，只能被动挨打，或是下潜逃走。目前，这仍是潜艇的难言之隐。

观察、通信受限

对于潜艇，隐蔽性和观察通信能力是“鱼和熊掌不可兼得”。

潜艇的水下观察主要靠声呐，利用主动声呐会增加被敌人发现的概率，而采用被动声呐又只能测出目标的方位，而不能测出其距离。潜艇的通信一般依靠无线电。为了提升通信的隐蔽性，潜艇采取了一些独特的通信技术和方法，如采用单向通信方式，并结合超快速通信系统，能在极短时间内完成发信；利用升降天线可以在一定水下深度进行收

> 图220 潜艇采用声呐探测

信。但总体而言，潜艇与外界的通信都会减弱其隐蔽性，一旦时机掌握不好，很容易被对方反潜兵器发现、跟踪和攻击。

自救能力差，外援困难

在深达数百米的幽暗海水中，意外的碰撞、设备故障、人员操作失误等都可能导致潜艇失事。潜艇在水下失事的生还概率非常小，一方面是因为其自救能力十分差，另一方面遇难的潜艇很难找到外援。2017年11

小贴士

“圣约安”号潜艇

“圣约安”号潜艇是阿根廷20世纪80年代向德国订购的TR-1700型潜艇，该艇是德国二战后设计建造的最大的潜艇，水下排水量2 264吨，长66米，最大水下速度25节，航程12 000海里，海上自持力30天，安装有6具鱼雷发射管。

> 图221　阿根廷“圣约安”号潜艇

月，阿根廷“圣约安”号潜艇在潜航时就无故失踪，在高科技的今天仍是一个不解之谜。

如果潜艇一旦面临沉没的危险，艇员只能进行自救，穿戴上专用装备从鱼雷发射管或指挥室等部位进行逃生，以便获得一线生机。

目前，尽管潜艇大国都比较重视潜艇的救援问题，专门设计了潜艇救生船，并配备了救生潜艇和救生钟等潜艇专用救生设备，但它们在实际的潜艇救援过程中使用难度仍然是较大的。

> 图222　艇员救生训练

补给困难

潜艇一次出航所携带的作战物资消耗

> 图223 俄罗斯“库尔斯克”号核潜艇

> 图224 潜艇垂直补给困难

到一定程度时，必须返回港口进行补给。而战时，军用港口是敌方的主要攻击目标，一旦所依赖的港口被破坏，潜艇就会像断了线的风筝一样无所依靠。没有粮食油水补给，潜艇纵有天大的本领，也会遭到灭顶之灾。

为此，各国海军积极地寻求应对之策，努力探索潜艇弹药、物资补给新模

> 图225 补给船在给潜艇补给（一）

式。有的国家大量征用民用港口作为战时潜艇物资补给的备用码头，并积极组织弹药、物资补给演练；有的国家尝试让补给船给潜艇进行补给等。总体而言，给潜艇补给至关重要，到目前为止仍是在努力攻克中的一项重大关键技术。

> 图226　补给船在给潜艇补给（二）

第6章

幽灵构成

——潜艇的总体构造与组成

在舰船大家族中，潜艇无疑是最为奇特的。它没有商船那般美丽、壮观，也没有水面舰船那么威武、庄严，除了几根竖在艇外的天线、一根长管状的东西以及一个小小的塔楼外，潜艇表面似乎什么也没有，远远看上去，活似一条海中觅食的鲨鱼，不由令我们猜想，潜艇的总体构造到底是怎样的呢？

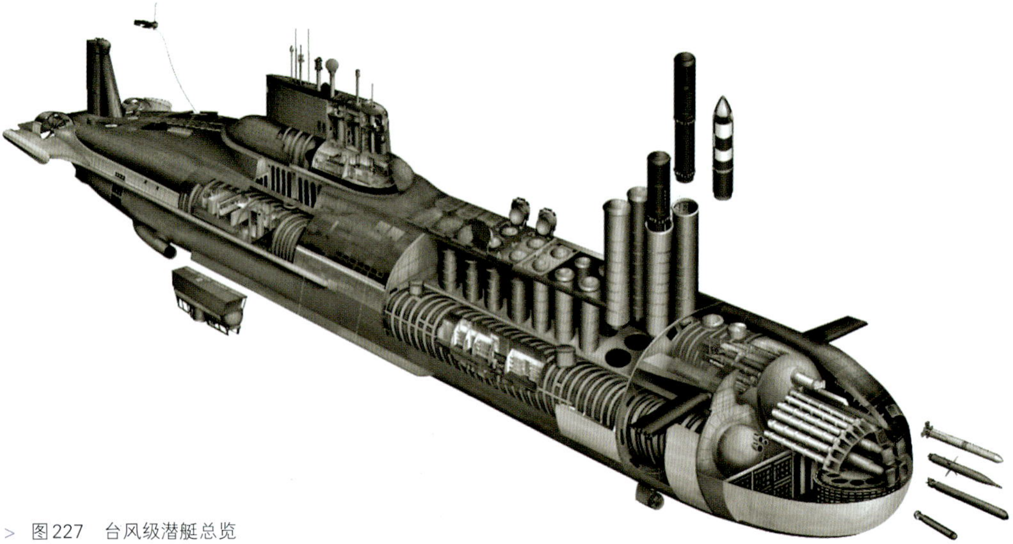

> 图227　台风级潜艇总览

潜艇外部构造总览

潜艇既没有商船那么高高矗立的驾驶台，也没有水面舰艇那样林立的舰炮、整齐的导弹发射架，但它同样以细长的身躯给人以均匀、光滑的感觉。它在水面航行时，独特的外形从来都是人们关注的焦点。为了适应在深海里航行，像海洋里的鱼类一样，潜艇拥有独特的外形——钝钝的头部、圆圆的身躯、尖尖的尾巴、身背背鳍，活似“海中杀手”鲨鱼。潜艇主要由主艇体、指挥台围壳、螺旋桨，以

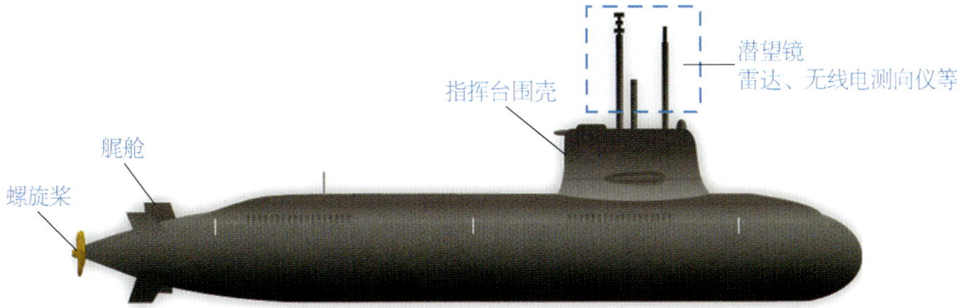

> 图228　潜艇的外部构造

及特殊舵翼等附体所组成。

主舰体外形

从外观上看，潜艇主舰体似乎毫无特色，但实际上，通过几个世纪的历史变迁，潜艇的外形在不断地改进与优化。

早期的潜艇以水面航行为主，因此其外形多是从水面舰艇演变而来，艇艏较高而且狭窄，形成尖而薄的形状。除此之外，还有其他外形，如罐形、圆筒形等。

20世纪初，开始推行类似水滴型的纺锤形，但由于该外形的潜艇水面航行性能差而被摒弃。在经历二战洗礼后，提升潜艇水下航行性能被推上日程，为此，适合水下高速航行的最佳型线——水滴型真正登上历史的舞台。水滴型潜艇具有阻力小、航速高、适合水下航行等优点，目前已为许多国家的海军所采用。

当然，随着水滴型的广泛应用，设计师们考虑到潜艇内舱室布置、武器配置以及作战威力的发挥等多种因素，许多水滴型的变体也纷至沓来。

> 图229　潜艇的螺旋桨

如有的国家既考虑到潜艇水下航行的需要，又考虑到水面航行的可能，将潜艇设计成鲸牙造型，典型的这类潜艇有意大利的萨马罗级。还有一些国家为了能够在潜艇上安装更多的设备和武器（主要指导弹武器），采用了拉长的水滴型（即将水滴从中断开，中间加入一截圆柱形艇体），最典型的是美国华盛顿级核潜艇。

图230 早期的潜艇

图231 拉长的水滴型潜艇

> 图232　意大利萨马罗级潜艇

> 图233　美国华盛顿级核潜艇

上层建筑和指挥台围壳

艇上有个像鲨鱼背鳍一样的东西，它突出于潜艇主艇体以上，负责潜艇的通信、指挥等功能。它就是潜艇的上层建筑和指挥台围壳。

潜艇的上层建筑和指挥台围壳是容纳潜艇各种观察通信设备以及柴油机通气管等的场所，是潜望镜、搜索雷达、无线电测向仪等观察设备，以及发射接收天线、卫星通信天线、电子战天线等通信设备的“安乐窝”。同时还能作为潜艇失事时艇员水下脱险的一个出口。

作为潜艇上最大的突出物，潜艇的上层建筑和指挥台围壳对潜艇水下运动性能有较大的不利影响，因此现代潜艇的上层建筑和指挥台围壳都设计得十分小巧。

> 图234　潜艇的指挥台围壳

特殊舵翼

鱼儿在水里游动，靠的是鱼鳍和鱼尾，潜艇在海中遨游，同样也需要。潜艇的“鱼鳍”和“鱼尾”，称为升降舵和方向舵，是潜艇的两套特殊舵翼。

升降舵在工作时按指令上下摆动，是一型保持或改变潜艇航行深度的舵装置。

小贴士

升降舵的工作原理

潜艇升降舵的工作原理并不复杂，与飞机机翼的原理尤为相似。当海水流经这些舵面时，产生的压力就可用来控制潜艇行驶方向。要想使潜艇向上方行驶，就把前水平舵向上翘起、并把后水平舵向下倾斜；要想向下方行驶，就反其道而行之。

由于升降舵是水平安装的，所以又可形象地称为水平舵。潜艇一般会有两对升降舵：艏升降舵和艉升降舵。

艏升降舵布设在艇艏，有固定式的，也有收放式的——使用时伸出、不用时收入。由于艇艏升降舵实际使用中易产生噪声，会干扰艇艏声呐工作的效能，因此现代潜艇多把艇艏升降舵移到了舰桥的两侧。

艉升降舵对称布置在艇艉，舵叶相对较大，可以充分利用螺旋桨的水流产生较大的舵力，是水下操纵潜艇的主升降舵。

潜艇还有一个方向舵，它如同鱼儿的尾巴，是用来改变或保持潜艇航向的舵装置。它垂直安装在艇艉，所以也叫垂直舵。方向舵操纵原理更简单，只要把垂直舵扳成斜角，潜艇就可向左或向右转了，与水面舰船上舵的工作原理颇为接近。

现代潜艇一般都采用计算机对升降舵和方向舵进行联合操纵，从而能自动控制潜艇在水下航行的深度和航向。

> 图235 潜艇上的升降舵

> 图236　潜艇艇艉的水平舵与垂直舵

紧凑内部总体构造

潜艇的内部空间十分狭小而紧凑。置身潜艇之中，会有一种压抑的感觉，左右不过几步宽，走路时必须侧身低头，稍不留神就会遇到障碍物，而且四周到处是蛛网般的管线和令人眼花缭乱的仪表。

分舱

设计者们在设计潜艇时，为了防止潜艇内一个舱段破损后其他舱段也进水，把耐压壳体沿长度方向分成了若干水密舱

> 图237　潜艇内部密密麻麻的舱室

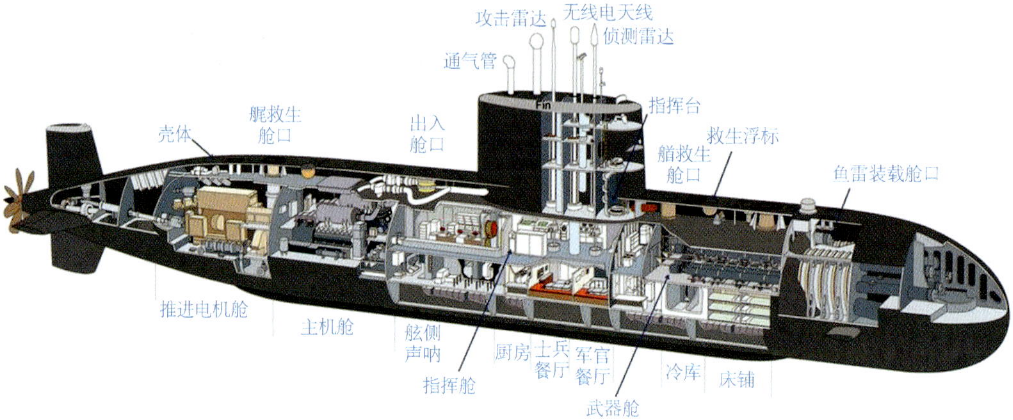

> 图238　潜艇内部舱室分布

段。前后水密舱段之间安装水密横舱壁及供人员通行的水密门。这样布置除了保证潜艇破损后的不沉性、增强潜艇的耐压强度外，还便于安装各种类型的设备，而且还可以避免艇员工作时相互干扰，一举多得。

那么，一艘潜艇到底有多少舱段呢？其实，这并没有固定的答案，需要根据潜艇的使命任务和排水量等因素进行综合确定。

常规动力潜艇内部可根据不同的功能分为鱼雷舱、指挥舱、前蓄电池舱、后蓄电池舱、柴油机舱、推进电机舱以及艉舱等若干舱段。

攻击型核潜艇可分为艏部鱼雷舱、指挥舱、前辅机舱、反应堆舱、后辅机舱、主机舱、艉舱等。而弹道导弹潜艇还会增加弹道导弹舱。

因此，不同类型的潜艇都会呈现出不同的分舱特点，即使是同一类型的潜

> 图239　潜艇的圆形耐压水密门（一）

> 图240　潜艇的圆形耐压水密门（二）

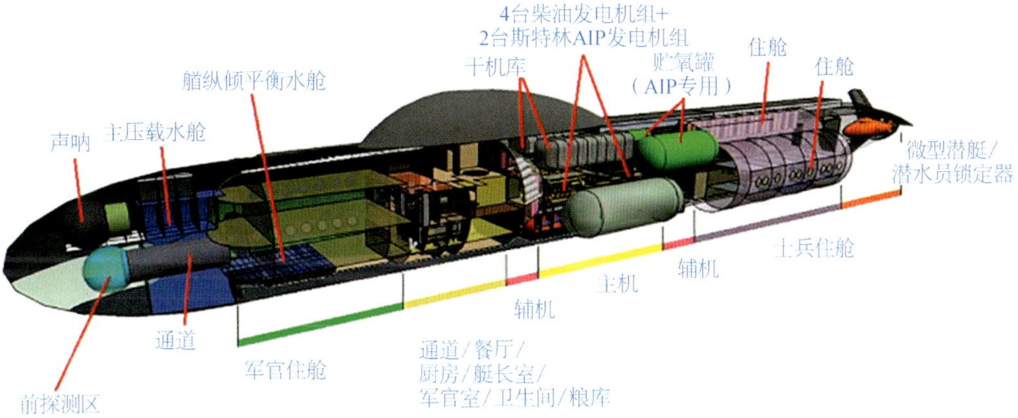

> 图241　AIP潜艇纵向分隔示意图

艇，由不同国家的人设计，也会有不同的设计方案，充分体现出潜艇设计的个性化风格。苏联（俄罗斯）一直主张把潜艇分为较多的舱段，采用7～9个不等，而以美国为首的西方国家，则倾向于在潜艇上划分较少的舱段，如美国早期的鲣鱼级攻击型核潜艇划分为5个舱段；20世纪70年代后，划分的舱段就更少了，如美国洛杉矶级核潜艇干脆被

小贴士

水密门

艇员们在潜艇内部需要“串门”时，必须先在比脸盆稍大一些的圆形水密门上用小把手敲击发出信号，让隔舱靠近门的人员赶紧闪开，以免开门时被沉重的门撞伤。

划分成3个舱段，分别是指挥舱、反应堆舱和主辅机舱。

分层

在直径只有数米的圆柱形舱室内，既要安装各种机械设备和设施，又要保证艇员的工作与生活。潜艇设计师们需要精心设计、巧妙安排，无论是分舱还是分层等，都要下足苦功、反复考量。

为了最大限度地利用耐压壳体的容积，潜艇设计师们会根据耐压壳体的直径把潜艇内部空间分成几个甲板层数。分层时，必须遵循基本的原则：每层甲板的层高需略大于艇员的平均身高再加上通过的各种管路、电缆占用的高度。

小型潜艇一般可以没有分层，大中型潜艇一般为3～4层。

形形色色的舱室

潜艇堪称是一个自给自足的“水下王国”，它的内部有许多舱室，如安放作战装备的武器舱、施号发令的指挥舱、推进潜艇航行的动力舱、调整浮态的压载水舱、艇员生活的居住舱、执行救援的救生舱等，真是各具功能、各有特色。

武器舱

作为水下作战利器，潜艇需要根据使命任务需求和排水量的限制，设置鱼雷舱、导弹舱、水雷舱等多种类型的武器舱。武器舱是存放和发射导弹、鱼雷、水雷等武器的舱室。

鱼雷舱

到目前为止，鱼雷仍是潜艇主要的进攻和自防御武器。一般将鱼雷武器布置在艇艏，以便于进攻；也有在艇艉布置少量鱼雷武器的，这样既可以防御阻止敌舰尾随追击，也可以增强艇艉的攻击能力。

鱼雷武器一般存放在潜艇的耐压艇体内，也有将鱼雷武器布置在耐压艇体外的，这样可以节省内部空间和减小艇的排水量，但缺点是航行期间无法对鱼雷武器进行检修、排除故障和保养。

在耐压艇体内用来布置鱼雷发射装置和存放备用鱼雷的舱段就是鱼雷舱。而存放和发射鱼雷的装备为鱼雷发射管，一般

> 图242　潜艇舱室纵剖图（一）

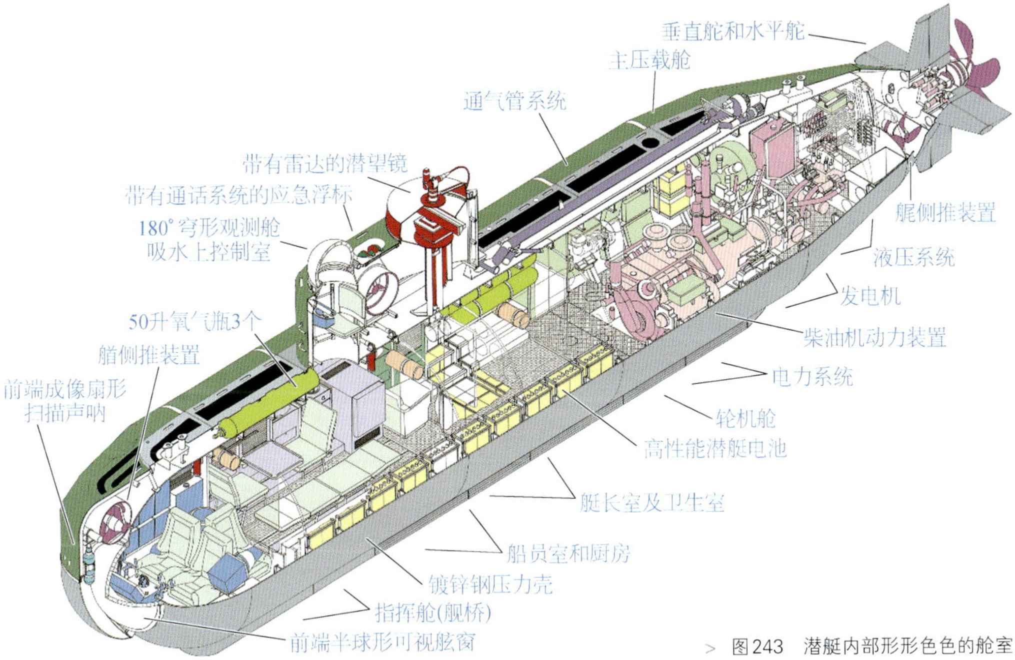

> 图243　潜艇内部形形色色的舱室

> 图244　潜艇鱼雷舱

> 图245　鱼雷发射管

大部分长度伸出耐压壳体外，并通过连接件固定在耐压体端壁上。

备用鱼雷需稳固存放在鱼雷舱内的专用架上，并力求能够便捷地向鱼雷发射管装填。

> 图246 备用鱼雷稳固在专用架上

同时，为了便于潜艇在水面状态从外部向艇内装载鱼雷，潜艇上一般还应设置鱼雷装载舱口，它还可作为艇员出入潜艇的通道。如果不设置鱼雷装载舱口，也可以从鱼雷发射管实现装载，但装载时必须控制好潜艇的平衡。鱼雷舱作为发射鱼雷的战斗部位，还设有鱼雷发射板、鱼雷齐射选择仪以及高压空气、电源设备、通风设备等。

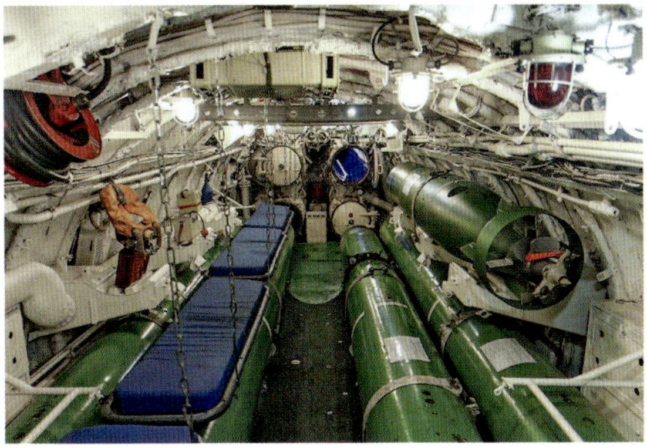

> 图247 兼作居住舱的鱼雷舱

由于鱼雷舱相对空间大，舱内无大的发热设备，机械噪声也小，环境条件十分适宜，还常被作为居住舱来使用，甚至在走道等空间可布置临时吊床供艇员休息，真是“舱”尽其用。

导弹舱

由于导弹发射架一般需竖立布置在导弹舱内，因此导弹舱一般设置在潜艇的舯部。导弹舱是潜艇上最大的舱室，它要为导弹的装填、贮存、检测、指挥、控制和发射提供必要的能源及保障环境。

现代潜艇的弹道导弹均采用水下垂直发射，导弹舱需对称布置12个、16个或24个导弹发射筒。每个导弹发射筒尺寸较大，高度有十几米，都要贯穿耐压壳体，这些密集的大开口对该舱段的结构强度提出了很高的要求。

水雷舱

除了鱼雷和导弹外，一些执行部分布雷任务或专门用于布雷作战的潜艇还携带水雷，一般由艏舱的鱼雷发射管布放，所

> 图248 潜艇弹道导弹发射口

以此时用于布置备用鱼雷的地方就可用来存放水雷。

> 图249 潜艇的水雷

指挥舱

指挥舱就像是潜艇的大脑，一切命令都从这里发出，是战斗指挥和情报中心、操舵中心，也是潜艇艇长所在的舱室。指挥员在这里分析情况，随时向各舱、各战斗部位下达命令。因此，指挥舱也是人员较为集中的地方。

指挥舱布置的设备很多，分别归属于战斗指挥、操纵、航海等三个系统，它们以艇长为中心，形成了一个利于指挥控制的布置方案。

战斗指挥系统

主要包括声呐、雷达、潜望镜、射击指挥仪、指挥扬声器等设备，它们必须布置在最便于舰长指挥的地方，只有这样，才能在战斗中及时、准确地向舰长提供情报并执行舰长的命令。

操纵系统

主要包括升降舵、方向舵、潜浮等操纵部位，需要围绕机电长的指挥部位布置。

> 图250 潜艇海图室

航海系统

主要是由海图室、罗经、计程仪及其他导航设备所组成，应围绕航海长指挥部位布置。

其中海图室、声呐、雷达、无线电、射击指挥仪等工作部位应互不干扰，所以需隔成专用房间。另外，无线电室、雷达室还需靠近各自的无线升降装置。

> 图251 潜艇指挥舱

声呐舱

声呐是潜艇的“耳目”，没有声呐的潜艇就如同是聋子与瞎子，无所适从。

潜艇上装备有许多不同种类的声呐，少则5～10部，多则15部左右。根据这些声呐的功能与使用方式布置在潜艇的前前后后。譬如，从潜艇的作战性能和声呐使用环境考虑，侦察、通信等声呐应布置在潜艇的艏部；为了使声呐获得尽可能大

图252　潜艇声呐舱

的空间，被动测距等声呐一般布置在潜艇的两舷；为了摆脱潜艇尺度对声呐的约束，同时也减少艇噪声对它的影响，被动拖曳线列阵声呐需布置在艇艉。

潜艇上一般设有专门的“听音室”，获取不同声呐发来的各种信息，是耳朵灵敏的声呐人员工作的场所，在别人耳朵中的杂音到了声呐人员耳朵里就成了美妙的“音乐”。因此“听音室”必须安静，而且要靠近指挥舱室，足够隐蔽与安全，一般是不欢迎其他艇员造访的。

动力舱

动力舱是潜艇最重要的舱室之一。没有动力的潜艇，如同缺了尾巴的鱼儿，寸步难行。

动力舱是用于安装动力机械和设备的舱室，一般布置在潜艇的艉部，可带动螺旋桨或其他推进装置工作，从而推动潜艇动起来。按照动力装置的类型，核潜艇拥有堆舱、核辅舱、机舱等核动力舱，而常

图253　核潜艇核反应堆舱

图254　常规动力潜艇柴油机舱

图255　常规动力潜艇电动机舱

规动力潜艇则拥有柴油机舱、电动机舱、蓄电池舱和辅机舱等常规动力舱。

油水舱

油水舱对于潜艇来说至关重要，它为潜艇实现各种功能作出了非凡的贡献。潜艇的油水舱种类很多，有保障潜艇潜下去与浮起来的主压载水舱，还有调整浮力的调整水柜和调纵倾的平衡水舱，武器发射时的特殊性水舱如武器补重水舱等，以及一些常规的液体舱如燃油舱、淡水舱、污水舱等。

主压载水舱

主压载水舱是潜艇最主要的液舱之一，它分布在潜艇的艏、舯、艉等部位。当潜艇需要下潜或上浮时，只需往主压载水舱里注水或排水即可。

在潜艇主压载水舱内还装有应急吹排水系统，潜艇失事时可由潜艇或救生艇注入高压气体排出主压载水舱内的水，使潜艇浮出水面。

速潜水舱

速潜水舱是潜艇采用主压载水舱下潜时的“加速器”，一般布置在潜艇浮心的偏前处，主要用于应急下潜。当潜艇速潜到一定深度时，需立刻把速潜水舱中的水吹除，否则潜艇容易由于下潜超深而发生事故。

调整水柜

潜艇上设有专门的浮力调整水柜。当潜艇上食品等物资消耗了，或者艇外的海水密度改变了，潜艇将面临浮力不再等于重力的风险，此时调整水柜就派上了用处，只要往里面注入或排出一些水，潜艇自然又平衡了。

纵倾平衡水舱

潜艇还设有纵倾平衡水舱，顾名思义，是专门控制潜艇出现“头重脚轻”或“头轻脚重”的水舱。为了获得较大的纵倾力

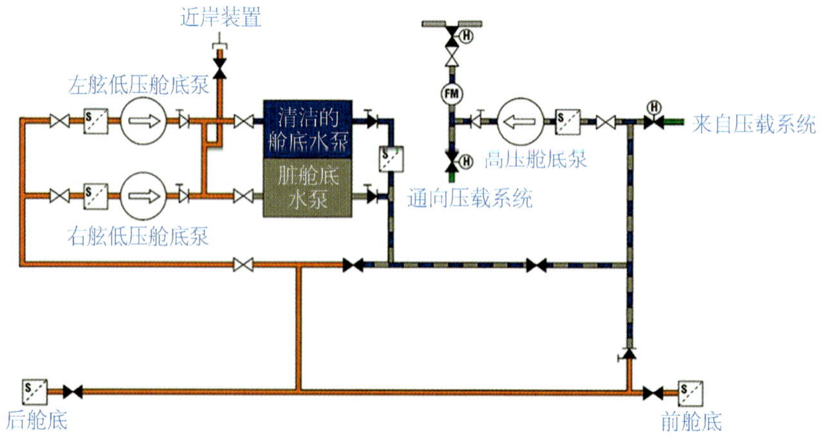

> 图256 潜艇舱底水系统

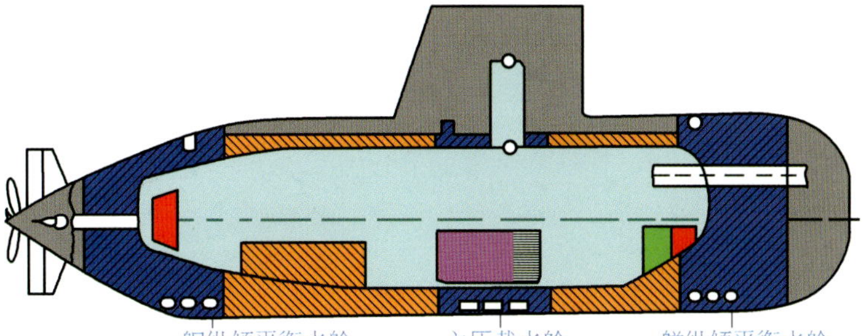

> 图257　潜艇各水舱示意图

矩，纵倾平衡水舱应距艇重心位置越远越好，一般设置在耐压壳体内的首尾端。

武器补重水舱

潜艇发射鱼雷或导弹后，重力与浮力将失去平衡，这时武器补重水舱就可发挥作用了。它一般布置在备用鱼雷贮存架或导弹发射筒的附近，一旦即将少掉一部分鱼雷或导弹的重量，通过往武器补重水舱内注上等量的水，重量就“找”回来了。

生活舱

生活舱是艇员们的生活场所，是专供艇员休息、居住等与生活有关的舱室，如住舱、会议室、休闲室、厨房、餐厅、厕所等。与水面战斗舰艇相比，由于潜艇的舱室空间非常紧张，因此其生活舱布置得十分拥挤。相比常规动力潜艇，核潜艇电能充沛，空间相对宽敞，居住条件略微改善。

住舱

潜艇的住舱是艇员们的“家”，是专供艇员居住的小房间或艇上床位较多的专用舱室，一般集中布置，采用三层铺，条件不允许时只能设置2/3艇员数的床位，也就是说三个士兵共享两张床铺。上一个班次的士兵睡完离开，下个班次的士兵接着他的“热气”继续睡！有的潜艇上设置可拆吊铺，睡时装上，睡完拆下，以避免影响正常的机械操作。局外人很难想象，在舱室温度达到40摄氏度、吊铺似烤箱的条件下睡上一觉，对潜艇兵来说竟是一件美事。

由于潜艇的隐秘性，艇员无任务时不

> 图258　潜艇内的住舱（一）

> 图259 潜艇内的住舱（二）

> 图260 潜艇内的住舱（三）

> 图261 潜艇艇长住舱

能随意走动，一旦潜艇拉响战斗警报，他们就必须迅速到达各自的战斗岗位，因此在可行的条件下，艇员住舱应尽可能接近其战斗岗位。

膳食餐厨区

餐厅在潜艇上算是大一点的区域了，但一般还需兼具电影室、娱乐厅和学习场所等功能。为了保证艇员的营养，厨师们需绞尽脑汁，在有限的条件下尽力为艇员提供可口的食物。潜艇在离港时，都会装

> 图262 潜艇的厨房（一）

> 图263 潜艇的厨房（二）

> 图264　潜艇的厨房（三）

载上满足巡航期所需的食物。当然由于冷库空间有限，往往储存一些易保存的食品，如脱骨肉、压缩食品等，在潜艇上绿色蔬菜反倒成了“奢侈品”。

学习娱乐

为了减轻艇员的心理压力、便于他们锻炼身体，一般大中型潜艇上还会有供艇员们健身的锻炼器械，阅读书刊、杂志的图书馆。

当然潜艇上还会定时播放一些影片，

> 图265　艇员们在玩游戏

> 图266　艇员们在健身区

> 图267　艇员们在下棋

为艇员们紧张压抑的工作与生活增加点乐趣。另外，还会举行业余演唱会、玩纸牌游戏等，尽可能为枯燥无味的深海航行活跃下气氛。

厕所

潜艇，作为既能在水上又能在水下航行的舰船，其厕所设置也与众不同，设有水上厕所与水下厕所。水上厕所与一般水面舰船无异，但潜艇水下厕所的设计与使用流程却非常讲究。潜艇在水下航行，海水的压力远大于艇内的压力，如果排污口直通舷外，海水就会顺着开口倒灌进艇内，造成潜艇沉没事件。为此，潜艇的水下厕所底部设有一个脏物储容器，该容器具有前、后两个开口，分别与坐便器、舷外海水相通。平常的时候两个开口都是关闭的，这样可以起到艇内坐便器与舷外的有效隔离。如厕时，打开脏物储容器前开口，废物冲洗至其中，然后关闭前开口。当脏物储容器已满且具备排放条件时，打开它的后开口，采用高压气体瞬间将脏物吹出舷外，并快速关闭后开口，以免高压气体泄漏出舷外形成气泡而被敌方探测到本舰的行踪。最后务必记住关闭高压气体，否则高压气体倒灌可不好了。当然厕所附近还配置了观察脏物储容器压力的压力表和放气阀，如厕前可观察一下。二战

> 图269　潜艇内厕所（一）

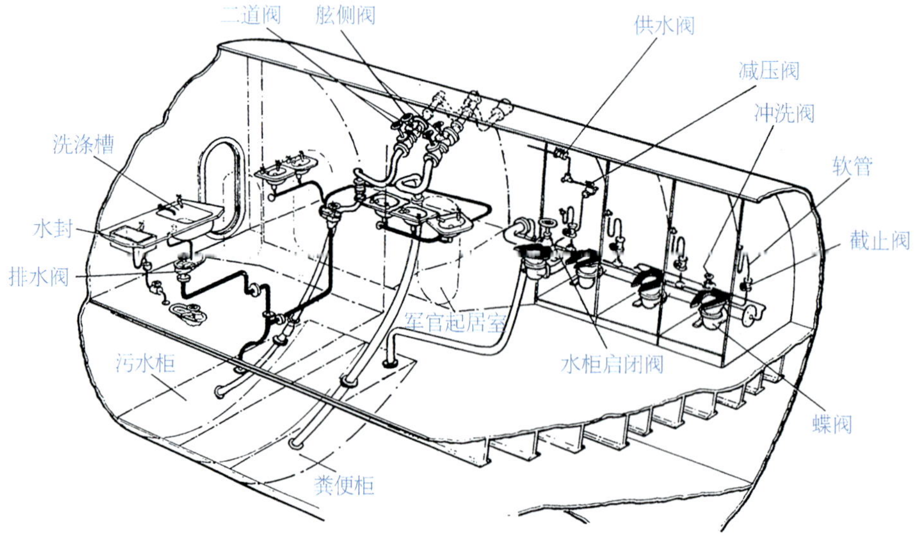

> 图268　潜艇卫生系统图

时德国的一型潜艇就因为艇长没有按照正常流程使用厕所，造成潜艇沉没。

厕所一般设置在一个相对密闭的舱室中，厕所内的专用通风机会把脏空气抽到一个消臭器里过滤消臭，以保持厕所内空气清洁。

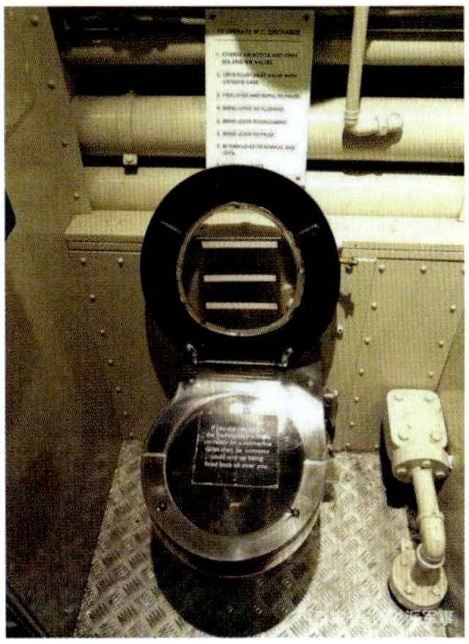

> 图270　潜艇内厕所（二）

潜艇兵的素养

随着海军使命任务的多样化和兵力行动的远洋化，潜艇装备技术不断发展，已成为一种高精尖的海洋利刃，因此对潜艇兵也提出与之相适应的更高的要求，不仅身体素质要好，而且专业技术水平要高，应是一支勇猛精干的特种兵队伍。

身体方面的素养

在所有的军兵种中，潜艇兵的工作、生活环境是最艰苦的。因此，潜艇兵的体检要求也十分之高，仅次于飞行员。潜艇兵除了具有一般士兵的基本身体条件外，还需满足一些特殊的身心要求。

牙齿方面

潜艇兵必须具有一口整齐美观、啮合

小贴士

由厕所带来的惨剧

1944年4月，“U-1206”号潜艇首次出海执行任务。因为当时盟军的反潜机天天在空中巡逻，所以该艇一直在水下60米深度进行潜航。当时该艇的艇长在使用厕所的时候，不慎出了差错。由于没按照复杂的规定开启相关阀门，所以大量的海水通过厕所马桶涌入潜艇内部，造成厕所下方的蓄电池组产生了大量难闻的氯气，这时候“U-1206”号潜艇的艇长没办法，就命令潜艇上浮换气，遭到了盟军飞机的攻击，最后艇长只能命令全体艇员乘上救生艇，任由潜艇自沉。

良好、完整无缺的牙齿。这样的条件，不经让人猜想，难道这是在选美？其实之所以对潜艇兵的牙齿有如此高的要求，也是出于潜艇兵安全的考虑。潜艇在水下工作，潜艇兵遇到情况难免要水下出艇，此时必须戴上潜水呼吸器，只有拥有一口完美的牙齿，才能紧紧咬住呼吸器咬嘴，否则供气面罩泄露会给潜艇兵带来致命一击。

氧过敏测试方面

潜艇在水下工作，潜艇兵在高压环境下呼吸高浓度氧在所难免。为此，想成为一名合格的潜艇兵，必须通过氧过敏测试，即在一个密封的加压舱内，戴上呼吸面罩吸氧，一方面测试暴露在高压中的身体是否对肺部吸入的高浓度氧气过敏，另一方面测试身体内外的空气压力差是否能够通过耳膜调整平衡。如果有其中一方面不满足，就会被无情淘汰，与潜艇兵失之交臂。

心理承受能力方面

潜艇兵长期工作、生活在狭小的潜艇内部空间，与外界完全隔离，空气不流通，终日不见阳光，即使是飞进潜艇的一只苍蝇，刚进去时还活蹦乱跳，但过不上一天就病恹恹的了。在这样的条件下，潜艇兵还需正常训练、工作、执行任务，所以他们必须具有超常的心理承压能力。乐观、合群、性格坚韧是潜艇兵的必备素质。

> 图271 潜艇兵进行氧过敏测试

> 图272　潜艇兵在模拟艇内进行心理训练

专业方面的素养

潜艇兵在跟随潜艇出海中，经常会遇到各种困难与问题，必须独当一面，此时具有扎实的专业知识就尤为重要。基于潜艇的特殊性，潜艇兵必须进行一些特殊的专业训练。

损管训练

潜艇在遭遇敌方攻击后可能会破损，一旦破损，海水便会涌入，潜艇兵必须全力堵漏，因此损管是潜艇兵基本技能之一。损管作业可能一辈子都用不上，但必须人人都会。

脱险训练

潜艇在水下航行时如遇险情无法上浮，潜艇兵必须弃艇逃生，所以水下逃生亦是潜艇兵必须掌握的基本技能。

此外，潜艇兵还需进行特定专业的学习，如学习各种武器装备的操作、维护和保养，学习摩尔码信号识别等。

> 图273　模拟训练场内的潜艇堵漏训练

> 图274　潜艇兵正在进行摩尔码信号识别训练

第7章

幽灵系统

——潜艇的主要系统

作为水下幽灵的潜艇，长期蛰伏于大洋之下，神秘地执行着各项使命任务，堪称深海的主宰。潜艇能够在水下称王称霸，与其拥有健硕的身体、强悍的动力、锐利的眼睛、灵敏的口鼻，以及攻防利器等息息相关。这些功能是由潜艇的整个系统实现的。

潜艇实际上是一个复杂的系统工程综合体，包括艇体结构以及动力系统、武器系统、操纵系统、指挥控制系统、电子设备系统、保障系统等分系统。

表面上看，潜艇的系统与水面战斗舰艇似乎无甚差别，但实际上作为“深海幽灵”的潜艇，其各系统均具有独到之处。

壳体结构

如果可以把潜艇从横向剖开，潜艇的壳体便一览无余了。潜艇的壳体有许多种型式，有的采用单壳体，有的采用双壳体，还有的采用单双结合，各有特色。

单壳体

单壳体潜艇只有一层耐压壳体，它直接和海水接触并承受压力，横截面一般为

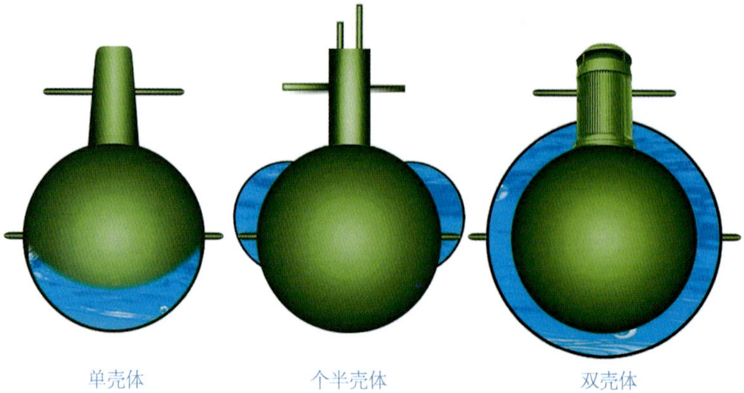

> 图275 潜艇结构示意图

> 图276 潜艇单壳结构分段

小贴士

潜艇的各分系统

潜艇的结构是指由板材和骨架材制成的结构物。潜艇动力系统为潜艇航行提供动力；武器系统用于潜艇攻击和防御；操纵系统用于实现潜艇下潜上浮、水下均衡，以及保持、变换航向与深度等；指挥控制系统简称指控系统，用于接收作战情报、实现指挥和火控；电子设备系统用于潜艇探测、导航与通信；保障系统为潜艇上的系统、设备以及人员提供各方面的保障。

圆形，纵剖面为曲线形。相比而言，采用单壳体的潜艇，其艇体结构简单，艇体表面积与水下阻力较小，声隐身性较好；但单壳体潜艇的艇内有效容积较小，因此空间狭窄，设备拥挤，居住和工作条件较差，水面稳性较差。

目前西方国家的很多现代潜艇都青睐单壳体，与早期的单壳体有所区别的是，现代单壳体潜艇把主压载水舱布置在耐压壳体外部的艏艉两端，并与耐压壳体形成流线过渡，在一定程度上改善了单壳体空间拥挤的缺点。美国现役的核潜艇如洛杉矶级、俄亥俄级等都采用单壳体结构。

双壳体

双壳体潜艇是在内部耐压壳体外面全部或局部包裹一层外壳，因此具有内、外两层壳。在两层壳之间会有相当的空隙，可用来布置液舱或存放设备。这种结构形式改善了耐压壳体内空间紧张的局面，同时可获得合理的外形和较好的航行性能，但缺点是下潜所花费的时间较长，而且结构复杂、难以建造和维修。俄罗斯、中国

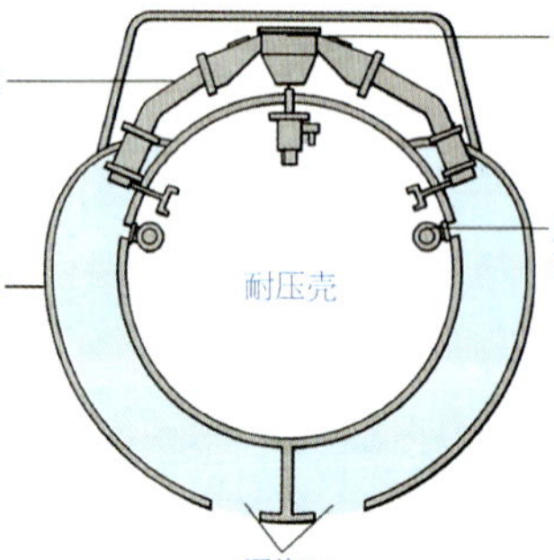

> 图278 潜艇的双壳体

> 图277 采用单壳体的洛杉矶级核潜艇

等国家对双壳体颇为青睐。

外壳

外壳一般是非耐压艇体，它构成了潜艇光滑平顺的外形，可减少阻力和改善机动性能。外壳上一般会分布许多透水孔，在潜艇潜入水下后，海水能从外壳进到内外壳之间。

内壳

内壳是耐压壳体，如同是圆柱形的大筒子，像乌龟壳一般坚硬无比，它的坚固程度是潜艇水下安全及下潜深度的基本保障。为了保证内壳的强度，内壳内还要增加如同房梁般的肋骨，对内壳起着支撑的作用。

不管潜艇外壳的形状如何千姿百态，但它的内壳却始终是圆柱形的，从不赶“时髦”。这样有两个好处：一是圆柱形承受压力性能好，可均匀受力，不易出现局部变形而损坏；二是圆柱形具有较大的容积，可以多装载一些设备、武器、燃料等。

> 图279　潜艇双壳体结构分段（一）

> 图280　潜艇双壳体结构分段（二）

单双混合壳体

某些潜艇由于布置等需要，沿着艇体长度方向，部分采用单壳体、部分采用双壳体结构，从而形成了单双混合壳体。这种形式可以充分展示单壳体与双壳体的优

小贴士

内壳所承受的压力

随着潜艇下潜深度的增加，内壳所承受的压力也随之增大，大约水深每增加10米，内壳承受的压力就增加一个大气压。当潜艇下潜到300米时，一艘长50米、直径4米的潜艇，其内壳所承受水压力达到约20亿牛顿。因此，潜艇内壳必须具有很高的强度、合理的形状及足够的支撑，才能承受海水的巨大压力。

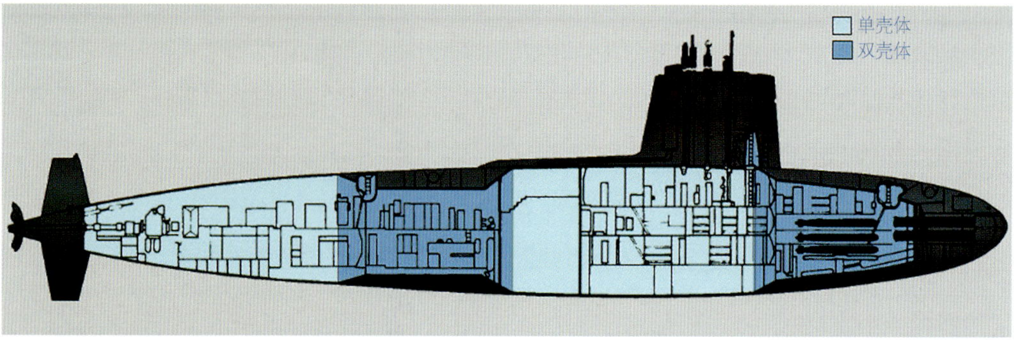

> 图281　潜艇单双混合壳体

点，弥补彼此的缺点，在一些导弹核潜艇和某些中型潜艇上颇为常见。

个半壳体

个半壳体潜艇是仅在耐压壳体两舷的中上部设置非耐压壳体结构，这个空间主要用于布置水舱和油舱。这种结构形式多见于二战前的中型潜艇，排水量在700～1 000吨。相比单壳体，个半壳体潜艇内部空间及部分外部型线得到了改善，但由于耐压壳体底部暴露在外，底部多设有保护耐压壳体的坞龙骨。目前，此结构已很少使用。

> 图282　个半壳体潜艇

眼观六路、耳听八方

电子设备系统

在深海中，伸手不见五指，一片漆黑。对于潜艇来说，黑暗既是优势，也是挑战，作为幽灵必须与黑暗融为一体，但是在黑暗中，潜艇是如何识别路线，如何发现和避开障碍物，如何与陆上基地和水上军舰进行通信联络，又是如何发现敌目标的呢？这与它所拥有的一套完善、灵敏的电子设备系统密不可分。潜艇的电子设备系统主要包括探测系统、通信与导航系统等分系统。

潜艇的探测系统

深海中的潜艇练就了一身“眼观六路、耳听八方”的本领，拥有鹰眼般灵敏的探测设备，包括潜望镜、雷达、声呐等。

用眼直接观察的潜望镜

潜望镜是潜艇在近水面的水下利用眼睛观测外部情况的一型设备，可以用于观察海面、空中和海岸的情况，也可以用来发现目标，测出目标的方位和距离，甚至可以把目标拍照记录下来。它是潜艇的一型常用观测设备。

从外形上看，潜望镜犹如是一个长长的圆筒，长达8～15米，可以上下升降。在潜望镜镜筒内按不同的角度装有许多镜片，经过镜片的多次反射后，艇内人员用

> 图283 潜艇航行状态的潜望镜

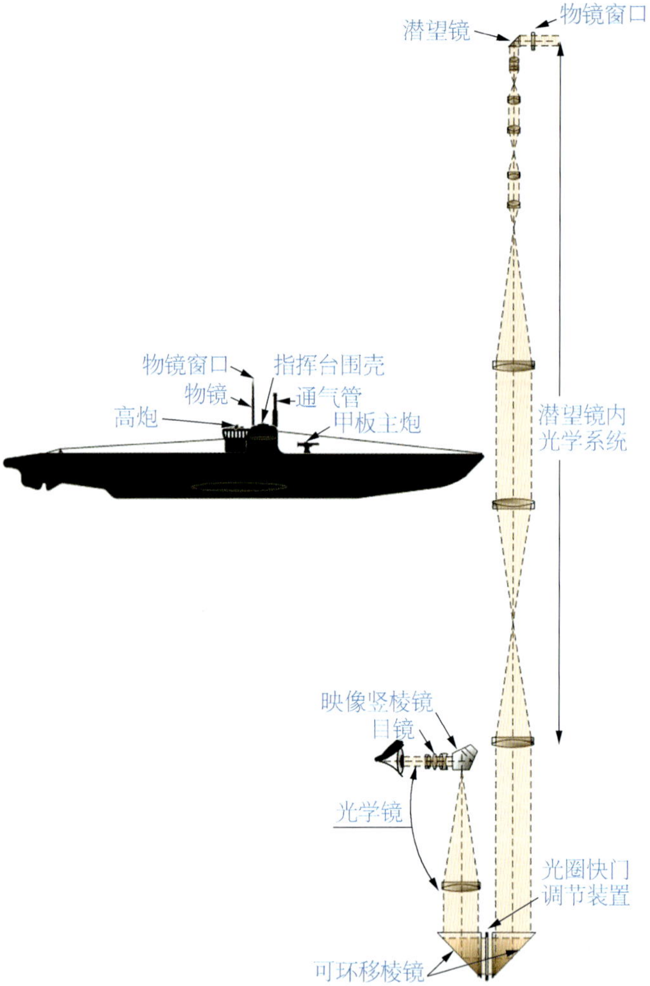

> 图284 潜艇潜望镜原理图

眼睛就可以看到水面上的情况了。

为了潜艇的隐蔽，在使用潜望镜观察时，其镜头只能露出水面以上50厘米左右，并且要时而露出水面，时而缩回到水下。

潜望镜犹如潜艇神秘的“眼睛”。传统的光学潜望镜受外界气象条件制约很大，为此科学家研制出了电视潜望镜和夜视潜望镜等新型潜望镜，甚至推出了新型光电桅杆，使潜望镜技术发生了重大的变革。现今，潜望镜正向着自动化、全天候、高精度等方向全面发展。

> 图285　潜艇舱室内的潜望镜

用电磁波探测的雷达

雷达也是用来观察周围海空情况、发现目标的一种方式，但它的观测方法和潜望镜不同，不是用眼睛进行直接观察，而是通过发射电磁波，电磁波遇到目标后会反射回来，这样海面和空中目标的情况就会呈现到荧光屏上，从而就能知道周围是否有目标，同时还可测量和计算出目标的方位和距离。

潜艇上装有多种雷达，有对空雷达、对海雷达等。甚至为了隐蔽，还装备了一种不发射电磁波、仅接受电磁波的搜索雷达，用于搜寻其他目标。潜艇上所有的雷达天线都是可以升降的，这样潜艇就能在水下使用雷达搜索和发现海面、空中的目标了。

> 图286　潜艇潜望镜

小贴士

新型潜望镜

电视潜望镜利用电视摄像原理制成，摄像组装在一个浮标里面，需要对海面进行观察时，就从潜艇上放出浮标，浮标到达海面后，浮标里面的摄像机开始工作，海面情况即显现在艇内电视屏幕上。

夜视潜望镜用于在夜晚或阴雨天对海面的观察，它是在普通潜望镜上安装微光电视摄像机，或者将电视摄像机装在浮标内，需要观察水面情况时，只要放出浮标即可。

电视潜望镜和夜视潜望镜的使用，使潜艇自身的隐蔽和安全性得到了保证，潜望镜的地位和作用更加巩固。

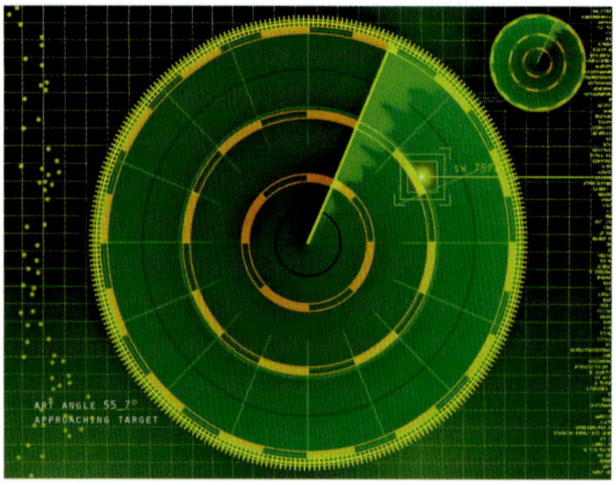

> 图287 潜艇的雷达

利用声音探测的声呐

在漆黑一片的水底世界，电磁波寸步难行，潜望镜和雷达都陷入无能为力之绝境。此刻声波却可大显身手，它一入海水，犹如游龙入海，速度达到每秒1 500米，几乎是空气中的5倍，而且声波在水里损耗得也很慢。人们利用声波这一奇特的性能，仿造蝙蝠或海豚寻找食物的原理，制成了声呐这种水中探测和通信的设备。

声呐的种类很多，如侦察声呐、探雷声呐、水下通信声呐、敌我识别声呐、声速测量声呐、测冰声呐等。

侦察声呐是专门用来接收敌潜艇发出的声波，从而判断出敌潜艇的类型和性质的声呐；探雷声呐是专门探测水中的水雷，使自己的潜艇绕过水雷安全航行的声呐；水下通信声呐是潜艇与本国水面舰艇和潜艇在水下保持通信联络的声呐；敌我识别声呐是在水下发现水面军舰或水下潜艇时用对口令的办法判断敌我的声呐；声速测量声呐是为了在水下占据有利战位而测量声波在各个水层中传播速度的专用声呐；测冰声呐是用于探测前面有无冰层、冰层有多厚的声呐。

声呐种类虽然很多，但就其工作方式而言，只有2种，一种是主动式声呐，另一种是被动式声呐。主动式声呐需要发射声波，主动测定目标的方位和距离；被动式声呐不发射声波，靠接收敌舰螺旋桨转动或其他机械工作的声响去发现敌人。为了保持潜艇的隐蔽性，声呐在大多数情况下以被动工作方式对水中目标进行警戒、探测、跟踪、识别和定位。只有在鱼雷等武器发射前，才采用主动方式，用来获得目标的精确坐标数据。现代潜艇的声呐主要采用电子扫描的方法，进行多波束发射和多波束接收，不仅搜索速度快，而且侦察范围大。

> 图288 潜艇的声呐

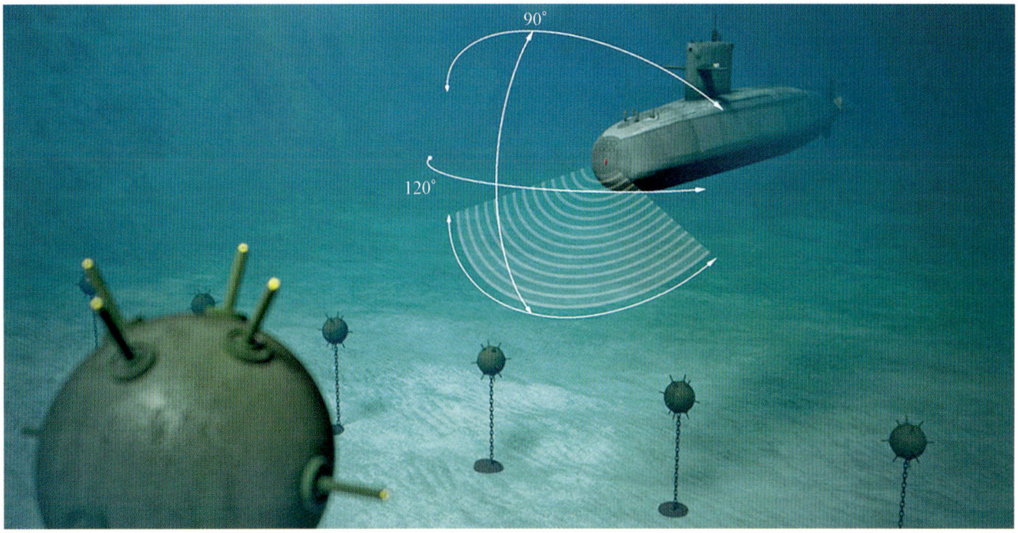

> 图289　潜艇主动式声呐示意图

拖曳线列阵声呐是20世纪80年代水声领域最重要的成就。它一般布置在潜艇艉部，这样可安全可靠地远离自身动力系统和螺旋桨的噪声干扰。这种声呐可在10赫兹以下的极低频工作，利用长达数百米的尾巴——拖曳线阵和拖缆，使现代潜艇不仅获得了远程探测能力，还获得了潜艇后方绝对的警戒能力，有效避免了敌方潜艇的跟踪与监视。

> 图290　潜艇拖曳线列阵声呐示意图（一）

小贴士

声呐测定日标的距离与方位

目标的距离与方位是测定水下目标位置必须要知道的数据。目标的距离可以根据声波反射的特性进行测量，只要准确记下声呐发射信号与接收到的回声信号之间间隔的时间，按照“路程=速度×时间”的公式，就能计算出声波一来一去所走过的路程，其一半即是目标距离。当声呐发射的波束对准目标时，回声信号最强的方位当然就是目标的方位了。

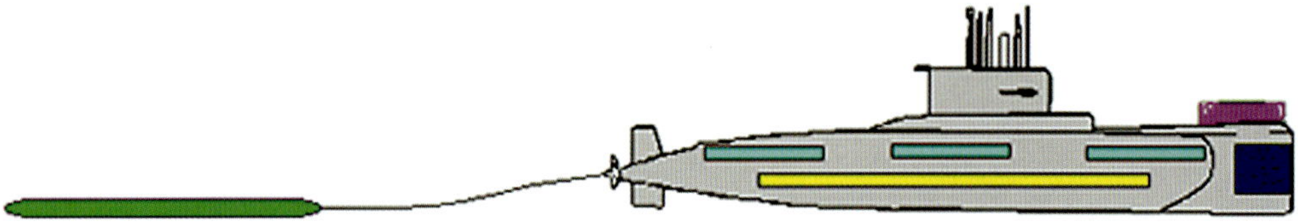

> 图291 潜艇拖曳线列阵声呐示意图（二）

大海深处的目标极其复杂，可能同时存在着潜艇、水雷、礁石、沉船、鱼群等，那么潜艇是如何区分这些声呐发现的目标呢？原来不同物体的回声特点是不一样的。一般来说，潜艇有钢质的外壳，体积大而且正在航行，因此回声清晰，同时具有延长的回鸣声，还有螺旋桨的节拍声；而水雷的外壳虽然也是钢质的，但体积小，而且埋伏在水下纹丝不动，因此它的回声清脆而短促；鱼群则是软体物质，回声较低沉，不清晰；暗礁、海岸的回声也较低沉。

声呐作为潜艇水下侦察的有效手段，往往会受到各种海洋因素的影响，其中影

> 图292 潜艇声呐能接收到许多回声

响最大的是海水密度。由于海面上方与下方的密度存在差异，声呐发射的声波束遇此就会发生折射，有时明明看到前方的潜艇下潜了，但声呐却突然跟丢了，这有可能就是不同深度海水密度差异搞的鬼。当然，现代潜艇也可以把这些海洋因素“为我所用”，譬如在遇敌时，熟知地形的潜艇可以躲到敌声波难以到达的盲区，隐蔽起来，然后利用声呐迅速地定位敌目标。

潜艇的通信系统

潜艇在水下作战，并不可能“单打独斗”，往往需要与外界互通消息，特别是采用“网络中心战”作战方式的今天，对潜艇的通信技术提出了更高的要求。潜艇的通信系统一般可分为内部通信和外部通信两个方面。内部通信也就是潜艇内部的一切通信，譬如艇长通过指挥、勤务等电话对各部门、各战位进行指挥或互为通话，艇内的广播或通过闭路电视播放录像等。与一般的水面舰艇相比，潜艇内部通信较为常规。

潜艇的外部通信指的是潜艇与外界之间的通信。相比其他舰艇，潜艇外部通信要复杂许多，它既要保证潜艇远距离通信的可靠性，也要确保潜艇的隐蔽性与安全性；既要考虑水上通信，又要兼顾水下通信。因此，潜艇上有许多的外部通信方式。一般来说，潜艇在水面或潜望深度航行状态，可采用短波、超短波、微波与岸站、水面舰艇、飞机或其他潜艇进行通信。潜艇在接近水面航行时，则可接收岸站对潜艇的超长波、甚长波等通信信号，

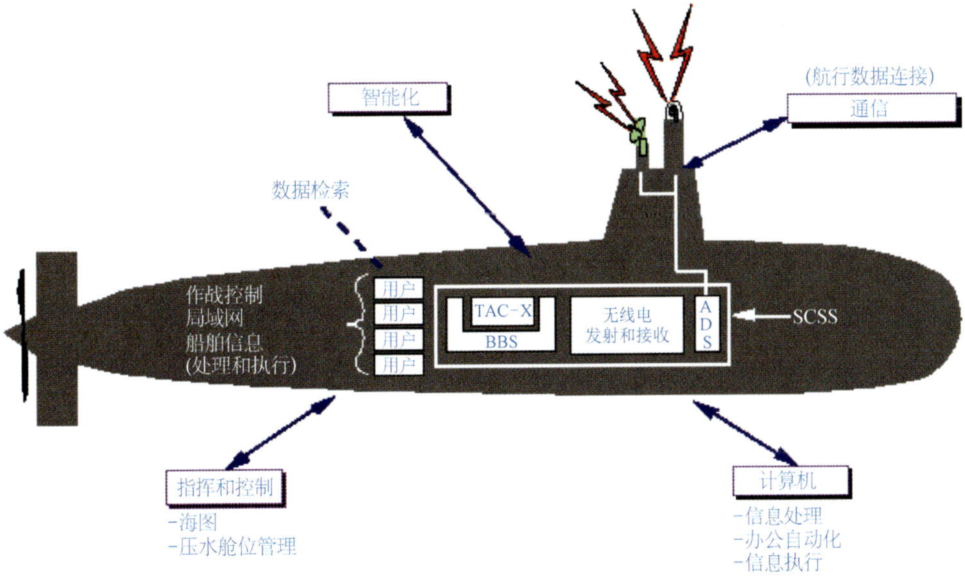

> 图293 潜艇的通信系统

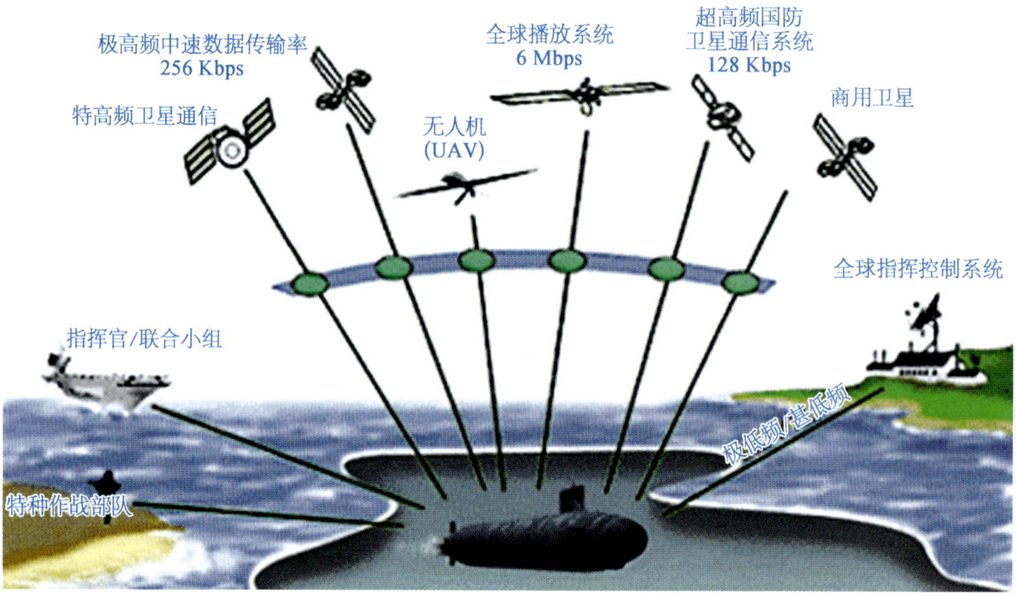

> 图294 潜艇未来通信示意图

亦可通过水声通信来实现大深度与水面舰艇、其他潜艇的水下远距离通信。

短波通信

短波通信是潜艇与外界通信的一种方式。由于短波天线比较简单，因此为潜艇所青睐。短波是指波长在10～100米的波，水是它的克星，它一入水中，很快就衰耗得没了踪影，因此潜艇一般需在水面或潜望深度航行状态下才可使用短波通信。一根十来米长的升降式天线是潜艇在潜望深度时与外界通信的“法宝”。为实现潜艇大深度航行的短波通信，有的潜艇采用浮标天线，在一定程度上拉近了水下潜艇与外界的距离，但由于天线暴露在

> 图295 潜艇的天线（一）

外，因此潜艇的隐蔽性受到一定的影响。

此外，短波还有个障碍乃是“距离”。当潜艇离外界太远时，一般的短波发报机就派不上用场了，必须使用强功率的发报机，但随之而来的问题是，这种短波信号十分容易被敌方捕获。因此一种新型的发报装置——快速发报设备被研制了出来，这种设备能在短时间内自动把报文发完，而外界由专用收报设备自动接收潜艇的报文，这样神不知鬼不觉就实现了潜艇与外界的通信。

总而言之，潜艇采用短波与外界通信还是存在一定的限制，并非随时随地就可进行，当潜艇下潜深度超出限定范围或受敌威胁时，是万不敢采用短波通信的。近年来，科学家们正在努力研究潜艇新的通信方法，以期有所突破。

超长波通信

岸站对潜艇通信的主要方法是超长波通信。超长波波长1万～3万米，它在水中的能力就远胜短波了，衰减较小，具有较强的穿透海水的能力。

超长波通信一般采用单向广播式的通信，即岸上用超长波电台在规定的时间内采用规定的频率进行发报，而同一时间水下的潜艇也必须以同样的方式接收，犹如抗战时期潜伏在敌区的地下党与党组织的通信方式，必须同一时刻、同一频道才行，这样既能保证潜艇能收到岸上指挥机关的指示，又不致暴露潜艇自身。

但超长波通信也并非全能，当潜艇潜深过大时，它又无能为力了，此时潜艇就

> 图296　潜艇的天线（二）

必须主动作为，需在规定时间内上浮到能接收到超长波的深度。另外，超长波通信由于信道通频带窄、速率很低，发一则电文通常需花费很长时间，因此远不能满足未来海战的需求。

目前科学家们正在研制蓝绿激光通信、中微子对潜通信等手段，相信未来的岸站对潜通信手段会有所突破。

小贴士

浮标天线

浮标天线比升降天线长，发报时把浮标天线放出来，由于浮标的浮力作用，天线露出水面，这样就能实现潜艇在水下与外界的短波通信了。

水声通信

水声通信是水下航行潜艇与其他潜艇、水面舰艇等联络的一种主要方式。水声通信使用的是通信声呐，它利用声波在水中的传播来进行通信。

通信声呐向水中发射长短不同或幅度变化的声波信号，对方收到信号后，对它们进行“翻译”，便可以知道其中的含义了。采用水声通信可以进行十几海里的远距离“通话”，而且还能测出两个通信舰艇之间的间距以保持队形，是潜舰或潜潜通信的主要方式。

潜艇的导航系统

就像人们旅游时需要一张地图一样，潜艇在水下航行也有一张图，称为海图。海图上标记着潜艇航行海域的地貌特征，例如岛屿、海岸、水深、海流等，为潜艇航行指明了安全的航线和航行深度。但在实际航行中，经常会因为周边环境的影响、舰上操作的误差等原因偏离预先航向，这时潜艇的导航系统就发挥起了作用，通过各种观测器材的引导，潜艇会不断修正航向，绕过岛屿和暗礁，从而到达目的地。

潜艇的导航系统包括磁罗经、陀螺罗经、计程仪、测深仪、六分仪、航迹自绘仪、自动操舵仪，以及无线电、卫星、惯性导航设备等。潜艇要实现导航，首要的是自我判定位置，也就是说，知道自己在哪。综合起来，潜艇自我定位的方法主要有推算法、观测法与导航法三种。

推算法

推算法是最原始的方法，由艇上人员根据潜艇的航线及航速进行推算，有时还

> 图297 潜艇部分惯性导航系统

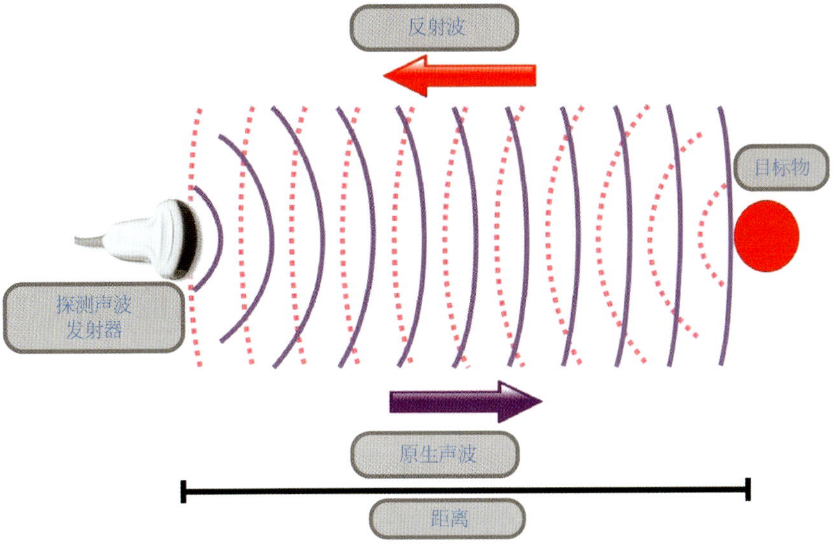

> 图298 发射及反射波

会借助海图上测量不精准的航迹自动绘图仪，甚至偶尔会探出潜望镜观察就近目标或天体星座予以验证。

观测法

观测法是确定潜艇位置的基本方法之一，通过采用潜艇上的观测设备，如潜望镜、雷达、声呐、六分仪等，对岸上或岛屿目标甚至是天体（日月星）等进行观测和计算，从而明确自身的位置。

其中采用雷达、声呐定位是现代潜艇至关重要的一种方法。通过潜艇发射出无线电波或声波，这些波遇到障碍后反射回来，由潜艇接收。按照回波的方向及间隔时间，便可以分析出目标的方向与距离，从而即可推断出潜艇的位置。

导航法

导航法是潜艇通过接收岸上导航台发出的无线电信号，用于判断自身位置的一种方法。现代的潜艇主要采用磁罗经、陀螺罗经、惯性导航设备进行导航。

无线电导航需要依靠岸上的导航台，通过接收离自己比较近的两个导航台发来的无线电信号，然后根据信号到达潜艇的时间差推算出距离差，从而知晓潜艇自身的位置。现在，人们又变测量时间差为测量信号电磁波的相位差，从而提高了导航精度和导航距离。

卫星导航是借助卫星引导潜艇航行的方法，至今已有几十年的时间了。只要知道在不同时间卫星和地球上潜艇的具体位置关系，通过计算或作图就可以把潜艇的位置确定下来。自“导航星”全球定位系统使用后，潜艇在海上瞬间定位精度达10米左右。

攻防利器

武器系统

现代潜艇装备有各种各样的武器，例如导弹、鱼雷、水雷等。这些武器作为潜艇的攻防利器，是用来满足潜艇不同使命任务要求的，有的用来攻击敌舰，有的用来袭击敌方的潜艇，甚至有的能打击敌方重要基地。这些攻防利器，为潜艇在海战战场的杰出发挥增添了一层神秘而又别样的色彩。

> 图299 潜艇发射武器

> 图300 潜艇舱内的武器

导弹——对地、反舰、防空的“利剑”

导弹是一种能够自动导向目标的武器，自带火箭发动机或其他动力，射程远、速度较快、威力较大、抗拦截能力较强。作为现代潜艇的一种进攻性武器，导弹能在较短时间内、在较远的距离摧毁敌方岸上固定目标和海上活动目标，取得较大的打击效果。潜艇装备导弹后就成了导弹的海上隐蔽活动发射场。

> 图301 潜艇打开的导弹发射口

从潜艇上发射的导弹简称为潜射导弹，主要包括潜地导弹、潜艇导弹和潜空导弹等。潜地导弹是潜艇对付地面目标的导弹，有弹道导弹和巡航导弹两种；潜艇

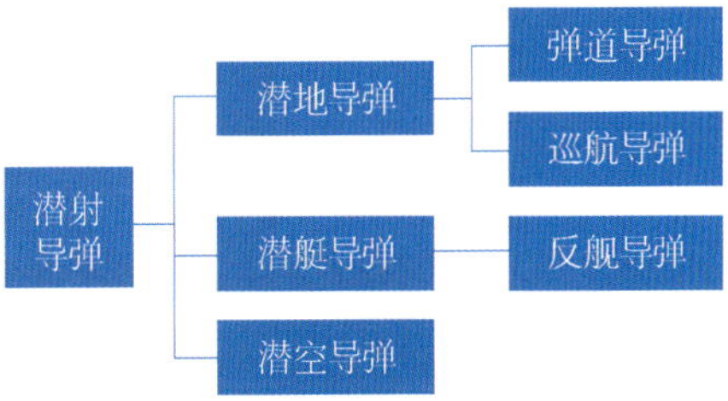

> 图302 潜射导弹分类

导弹就是潜艇对付敌舰艇的导弹，是反舰导弹的一种；潜空导弹则是潜艇对付空中目标的导弹。

弹道导弹

二战结束后，随着核潜艇的粉墨登场，潜艇具备了携带更具威慑力新武器——弹道导弹的能力。弹道导弹是战略导弹潜艇的主要武器，大多携带单个或分导式核弹头，一般采用惯性制导或星光-惯性制导，射程在2 500 ～ 10 000千米，用于攻击陆上重要目标，具有强大的破坏力，是大国核威胁和核打击力量的三大主力之一。

弹道导弹与潜艇的完美结合简直是把陆地上的固定发射台搬到了一个海上移动平台上，再加上潜艇行动的神秘性，使得潜射弹道导弹更具威胁性。

潜艇如何发射弹道导弹　潜艇到达发射阵地后，艇长拉响“战斗警报”、发出导弹攻击命令，艇上各型设备与系统将弹道数据自动输入导弹内。与此同时，弹道导弹完成发射前的全部检查，并进行一系列的攻击准备，如导弹发射装置内筒充气、筒盖内注水、达到内外压力一致时打开筒盖。

按照艇长命令，弹道导弹点火燃烧，导弹底部的高压气将弹道导弹弹射出去。导弹出筒后，大量海水进入筒内，需关闭筒盖并将部分海水排至专用水舱，使筒内剩余海水与发射出去的导弹质量相等。注药系统将药粉注入筒内海水中，专用水舱内的海水排出艇外。当潜艇返回基地后，排出导弹发射装置内的海水，再进行淡水

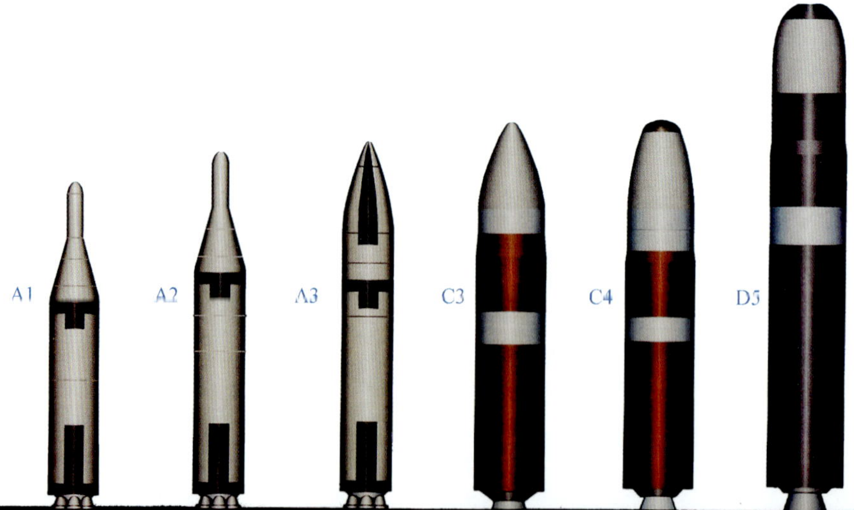

时间	1960	1962	1964	1971	1979	1989
长度（英尺）	28.5	31.0	32.3	34.0	34.0	44.6
直径（英寸）	54	54	54	74	74	83
重量（磅）	28,800	32,500	35,700	65,000	>65,000	>120,000
波长（纳米）	1200	1500	2500	2500	>4000	>4000

> 图303　美国弹道导弹系列

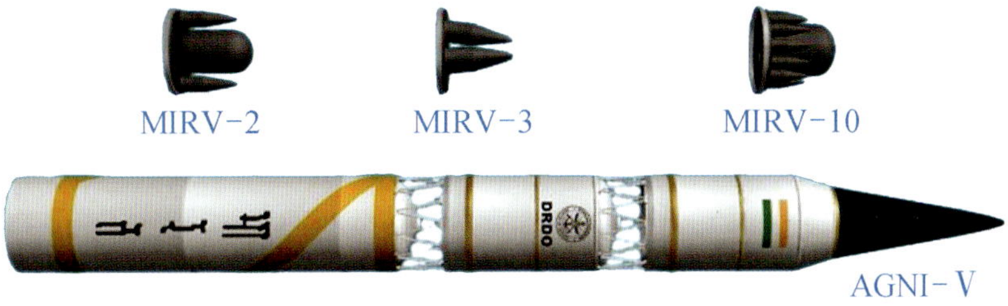

> 图304　弹道导弹示意图

> 图305　潜艇发射弹道导弹（一）

> 图306　潜艇发射弹道导弹（二）

冲洗和内壁涂防锈油，为再次装弹做好准备。

巡航导弹

冷战结束后潜艇装备上了巡航导弹，拥有了对陆地、对大型舰艇攻击作战的能力。巡航导弹是指依靠喷气发动机的推力和弹翼的气动升力，在稠密大气层内主要以巡航状态飞行的导弹（旧称飞航式导弹），是战术核潜艇或者攻击型核潜艇的

小贴士

弹道导弹

弹道导弹按作战使用分为战略弹道导弹和战术弹道导弹；按射程分为洲际、远程、中程和近程弹道导弹；按发射点与目标位置分为地地弹道导弹和潜地弹道导弹。潜艇所使用的弹道导弹就是潜地导弹。

> 图307 潜艇发射巡航导弹

主战装备，有战术巡航导弹和战略巡航导弹之分。战术巡航导弹，主要用于攻击大、中型水面舰船；战略巡航导弹，主要用于攻击陆上目标。

潜艇用的巡航导弹弹长一般为5～10米，弹径一般不超过1米，制导系统在导弹初始航段采用惯导、末端采用复合制导。

为了保护弹体，巡航导弹弹翼折叠存放在一个专用储弹筒内，可借助鱼雷发射管进行发射。发射时，导弹助推器点火并吹掉储弹筒的头罩和尾锥，导弹弹翼在飞行中展开，助推器脱落，导弹在制导系统作用下飞向目标。

与航母不同，巡航导弹核潜艇可以在发射导弹之前靠近敌方沿海，利用射程在2 000千米以上的武器打击敌方内陆地带。在美国针对利比亚卡扎菲政权的“奥德赛黎明行动”中，美国海军俄亥俄级“佛罗里达”号核潜艇凭借连续发射大约90枚战斧巡航导弹，几乎单枪匹马地摧毁了利比亚的所有空防系统。

> 图308 潜艇发射巡航导弹

反舰导弹

反舰导弹用于攻击航母、驱逐舰等各种水面目标，是现代潜艇主战装备之一。反舰导弹一般被放置在一个密封的载具之中，发射的时候载具先从潜艇鱼雷管中发射，之后按照预定指令，以特定的角度、速度从水下浮上水面。当载具浮出水面后，它的前盖会迅速开启，与此同时导弹的主推火箭开始点火，使导弹进入到预定的攻击航线。

小贴士

弹道导弹的威力

1艘弹道导弹核潜艇装有弹道导弹12～24枚，如美国的俄亥俄级弹道导弹核潜艇，一次可携带三叉戟D5战略导弹24枚，每枚携带12枚15万吨级分导式核弹头，一艘潜艇一次可以投掷288枚核弹头，威力足以摧毁半个欧洲。

> 图309 美国UGM-84A鱼叉导弹

> 图310 法国飞鱼反舰导弹

防空导弹

当潜艇处于水面航行状态，突然遭到敌人飞机或导弹的袭击而又来不及潜入水中时，可以用防空导弹武备系统实施快速自卫。这种防空导弹尤其适用于对付敌人的反潜直升机。

防空导弹的飞行弹道比较直，接近目标后跟踪追击，直至命中目标。其体积一般较小，弹长1～2米，弹径约100毫米，射程较近约5千米，飞行速度高可达500米/秒，适用于近程快速发射，迅速击毁目标。潜艇用防空导弹的发射装置一般由耐压筒、升降装置、发射筒、驱动装置等组成。

潜艇如何发射防空导弹　潜艇在海面活动时，将防空导弹发射装置升起，做好发射准备。一旦艇长发出导弹攻击命令，艇上各观测导航设备及指挥系统的随动系统获得攻击目标数据，导弹发射筒对准目标，发射按钮被按动，导弹射出。发射完毕后，将发射筒伸直，靠重力和液压升降驱动装置把升降杆下降到极限位置，再关闭筒盖。而后，潜艇迅速潜入水中，规避敌目标或兵力的攻击。

> 图311　潜艇防空导弹攻击目标示意图

> 图312　防空导弹

鱼雷——自主鱼雷反潜、反舰、自卫

19世纪五六十年代，海战需要一种新型水中兵器以克敌制胜，为此鱼雷诞生了。鱼雷是一种能在水中自主行动、自动控制深度和方向、自动击毁水中目标的水中武器，航行时酷似水中的鱼儿，所以被

> 图313 潜艇安装鱼雷

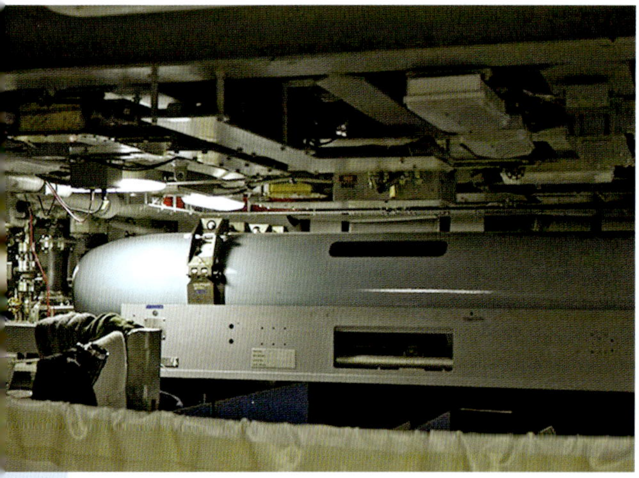

> 图314 潜艇内鱼雷

称为鱼雷。鱼雷具有航速快、航程远、隐蔽性好、命中率高和摧毁能力强等特性。鱼雷是导弹出现之前潜艇作战的最主要武器。即使后来导弹诞生了，也无法撼动鱼雷的地位，鱼雷在现代海战中仍是潜艇反潜、反舰和自卫的元老级武器，是潜艇不可或缺的攻防利器。

现代潜艇鱼雷的种类繁多，按动力可分为蒸汽瓦斯鱼雷、电动鱼雷、喷气鱼雷；按制导方法可分直航与曲航鱼雷、自导鱼雷、有线自导鱼雷；按雷体直径大小可分为大型鱼雷、中型鱼雷、小型鱼雷；按携载平台和攻击对象可分为反舰（舰舰、潜舰、空舰）鱼雷和反潜（舰潜、潜潜、空潜）鱼雷。

在潜艇发射鱼雷之前，需要完成一系列的准备工作。先要通过观测及计算得出目标的方位、距离、速度和航向等参数，然后根据敌我双方运

动的情况，把各种数据输到鱼雷上，这样鱼雷就可以发射了。鱼雷发射按钮一般由艇长在指挥舱直接操作，或由操纵员在鱼雷舱内获得艇长指令后操作。

相比水上发射鱼雷，潜艇在深海中发射鱼雷，不仅难以观察敌目标，而且要承受相当的海水压力，犹如蒙着眼掷飞镖，需要像武林高手一样习得听声辨位的绝技，相比水面舰船发射鱼雷要复杂许多。

发射鱼雷时，首先要调压，使鱼雷发射管内压力与艇外海水压力相等，然后打开鱼雷发射管的前盖，用比艇外海水压力大的压缩空气把鱼雷推出去。

早期的鱼雷出管后，压缩空气出去会产生大量的气泡，使潜艇的方位在敌舰面前一览无余，从而遭受被跟踪甚至被击沉的厄运。为了克服这个问题，潜艇设计师发明了无泡发射装置，它能将潜艇发射所产生的压缩空气引向艇内，使潜艇发射管

> 图315　潜艇发射鱼雷（一）

> 图316　潜艇鱼雷发射管

小贴士

鱼雷的威力

鱼雷攻击目标，命中1枚即可重创一艘驱逐舰，命中1～2枚可击沉或重创一艘万吨级商船，命中2～3枚可重创或击沉一艘万吨级巡洋舰。

> 图317 潜艇发射鱼雷（二）

内灌满水，既可以达到不产生气泡的目的，又可以平衡鱼雷发射后所造成的不平衡，一举两得。

水雷——守株待兔、攻击舰船

水雷是专门布设在水中的“雷”，当敌舰进入它所作用的范围时，它会因为敌舰的机械碰撞或其他非接触式因素（如磁性、噪声、水压等）的作用而引爆，给敌舰造成出其不意的威胁。

水雷从诞生至今已有400多年的历史，现在水雷已发展为一个大家族，各种水雷异彩纷呈，主要有触角锚雷、磁性水雷、音响水雷、水压水雷及联合引信水雷等。这些水雷具有价格低廉、威力巨大、布放简便、发现和扫除困难、使用灵活等特点。

而潜艇使用的水雷，多为沉底水雷，主要布设在敌方基地、港口和航道，用于摧毁敌方舰船。

> 图318 潜艇的水雷

推进心脏

动力系统

动力系统是潜艇的心脏，它可以把某种能量储存起来并可有效转化为推进功率。潜艇的动力系统伴随着潜艇技术的发展而发展，经历了从人力到柴电等常规动力，再到核动力的发展阶段。

已被淘汰的人力

人力为动力，即采用手推、脚蹬等人力推动潜艇的一种方式，是早期潜艇的“无奈之举”。

从第一艘潜艇诞生后的近200多年时间里，潜艇动力发展始终停滞不前，人力推进成为那时候潜艇唯一的动力。直到19世纪60年代美国人建成的“亨利”号潜艇，仍采用了人力推进，需要八人一齐摇动一根长轴带动螺旋桨，航速约4节。但人力推进作为一种最原始的动力方式，必

> 图319 最后一艘以人力为动力的“亨利”号潜艇

然被淘汰，“亨利”号潜艇最终成为了历史过往——潜艇史上最后一艘以人力为动力的潜艇。

前景诱人的常规动力

常规动力则是能够将燃油的能量转化到柴油机等常规动力上，进而推动潜艇航行的一种方式。

早期潜艇动力的发展相当缓慢，直到19世纪50年代末，法国海军的一名工程师终于提出了改装机械动力潜艇的建议，从而使潜艇动力向前迈出了一大步。此后，各种常规动力的潜艇纷沓而至，如1863年美国的“大卫”号、法国“潜水员”号分别以小型蒸汽机、压缩空气发动机为动力；1886年英国“鹦鹉螺”号潜艇采用电动机为动力；1897年美国“霍兰-Ⅳ”号潜艇，在水面航行时采用汽油发动机，在水下航行时采用以蓄电池为动力的电动机等。

柴油机-电力推进

柴油机-电力推进是目前常规动力潜艇采用的典型动力方式。采用这一推进方式的潜艇，亦称为柴电潜艇，即在水面航行时采用柴油机高速推进，在水下航行时采用由蓄电池供电的电动机推进。

柴油机 是内燃机的一种，由汽缸、高压油阀、活塞、连杆、曲柄轴等部件组成。其工作原理是，柴油被高压油阀喷入汽缸，与压缩空气混合后充分燃烧，产生高温、高压推动活塞与连杆运动，使得曲轴带动螺旋桨旋转，从而推动潜艇。柴油

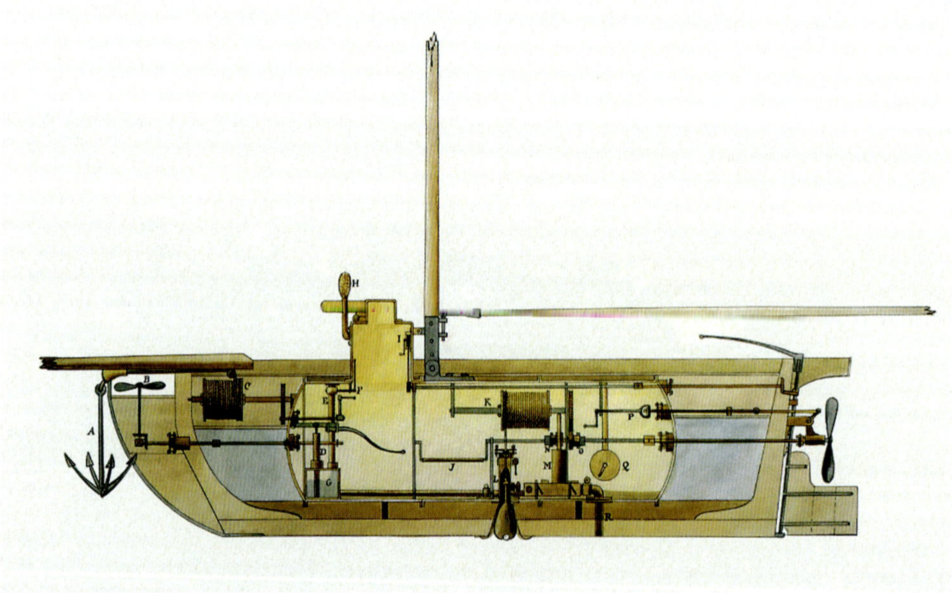

> 图320 “鹦鹉螺”号潜艇示意图

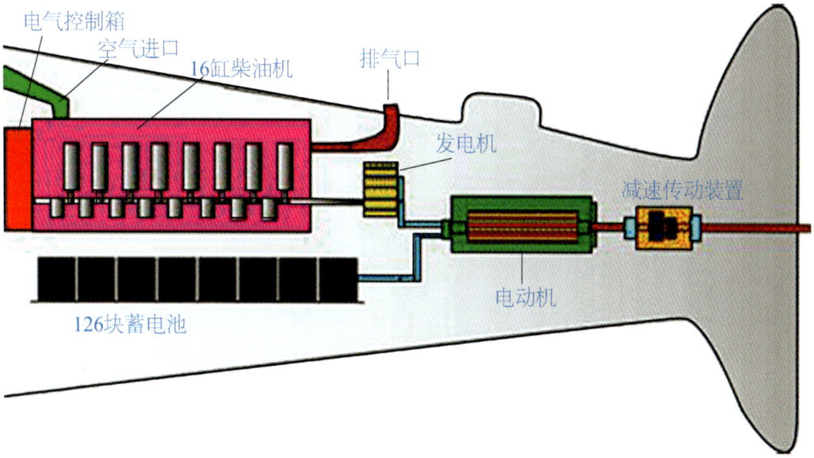

＞ 图321　潜艇柴油机-电力推进（一）

机除作为潜艇在水面航行时的推进动力外，还需为蓄电池充电，以保证潜艇的水下航行。

蓄电池　是储存电能的一种装置，每艘潜艇一般配有几组蓄电池，每组则由100多个蓄电池串联在一起。容量和寿命是蓄电池的两大性能。潜艇在水下用足马力使劲开，一般蓄电池容量只能维持几个小时，一口气只能航行不到几十海里；但如果采用几节的航速低速航行，则可以坚持数十小时，航行距离可达数百海里。

电动机　能将蓄电池提供的电能转变为机械能，使螺旋桨旋转，从而推动潜艇。潜艇通过控制电动机正反转以及转速大小，就可以实现前进、后退或改变航速。为了配合潜艇在水下的经济航行，潜

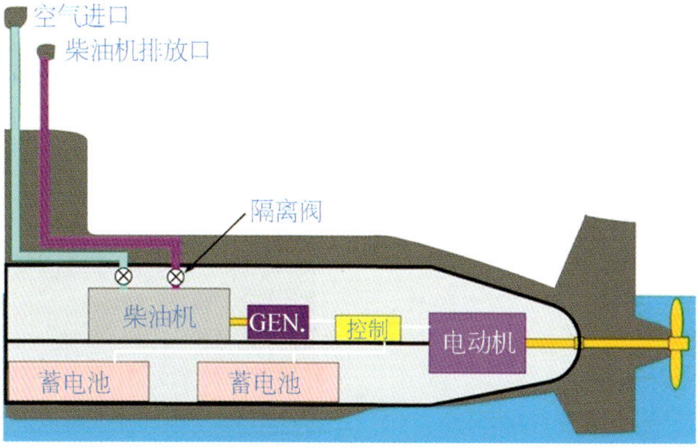

＞ 图322　潜艇柴油机-电力推进（二）

艇上装有低速航行用电机，功率只有几十千瓦，可供潜艇以2～4节速度航行。所以，一般情况下常规动力潜艇水下行驶航速均较慢。

增加续航力的AIP

AIP是常规动力潜艇在水下时采用不依赖空气推进发动机延长潜航时间的动力系统，从而使隐蔽性大幅提升。二战期间，德国曾尝试使用过氧化氢作为潜艇柴油机的水下氧气来源，对AIP的发展起到了重要的启蒙作用。

目前常规动力潜艇较成熟的AIP系统主要有闭式循环柴油机系统、斯特林发动机系统、闭式循环汽轮机系统、燃料电池系统等。

闭式循环柴油机系统 是在传统柴油机基础上改进其进排气系统，使之能成为闭式循环工作的一种柴油机。其工作原理是，将排出的废气经冷却后进入吸收器，二氧化碳被海水吸收后排出艇外，其余气体则加入适量的氧气和氩气形成新的工质，进入柴油机工作形成闭式循环。该系统的优点是单机功率大、热效率较高、技术成熟、价格较低，不足之处是噪声大、废气处理系统复杂、消耗功率大、效率较低。

斯特林发动机系统 是一种燃式发动机，采用液压投送加柴油燃料，一般以氦气作为循环工质，外部燃烧产生的热能可连续供给闭路系统，将热能转换为机械能带动发电机发电。这种系统的优点是结构紧凑、系统效率较高、振动小、噪声低、红外特性小、可靠性较高，但是单缸功率小、技术比较复杂、对燃料柴油质量要求高。

闭式循环蒸汽轮机系统 是一种两个回路的动力系统，燃料乙醇和助燃剂氧在一回路中的燃烧室内混合燃烧，产生的高湿、高压气体输入到热交换，将一回路加热的蒸汽带动汽轮机转动，驱动发电机发电供主电机工作，推动潜艇，蒸汽工作后进入冷凝器冷却成水再循环工作。其特点是可靠性高、噪声低。

燃料电池 是把燃料和氧化物的化学能直接转换为电能的电化学装置。它直接

> 图323 潜艇AIP系统舱室图

输出直流电，无需发电机和变压器，无电能和机械损耗，燃烧后的副产品是水，无需排污设备，所以燃料电池具有噪声低、效率高、无迹性好，并不受下潜深度的限制。由于燃料电池的优越性大，存在的问题主要是氢的携带问题，目前研制它的国家较多。另外，燃料电池价格较高。

其中燃料电池为清洁能源，它能满足常规动力潜艇高指标的作战需求，且噪声、红外等特征均很低，使潜艇更加安静、隐蔽，因而被认为是AIP的发展方向。

近年来，常规动力潜艇AIP技术获得了飞速发展，使潜艇的水下续航能力大大提高，在某种程度上具有与核潜艇相当的续航力，极大地提高了常规动力潜艇的隐蔽性。AIP被称为“绿色核动力”，是潜艇发展进程中的又一次革命，也是21世纪潜艇动力发展的一大方向。

威力巨大的核动力

核动力是潜艇理想的动力装置。它以核反应堆为能源，可将核裂变的能量转变为机械能，推动潜艇前进。因为核燃料具有巨大的能量，而且裂变不需要空气，因此可极大地提高潜艇的水下性能，增强潜艇的隐蔽性和水下生命力。

潜艇核动力装置主要由反应堆、循环泵、蒸汽发生器和汽轮机等组成。核动力装置工作时，核燃料在反应堆内裂变，产生高温，循环管路中的压力水经过反应堆时吸收了高温热量，由循环泵作用进入蒸汽发生器，使蒸汽推动汽轮机的叶轮旋转，从而带动螺旋桨旋转并推动潜艇前进。核动力的功率很大，可达几百兆瓦，可使潜艇的水下航速达到25节，甚至30节以上。

> 图324 潜艇的核动力示意图

核潜艇除了核动力装置外，还装有应急电动机，也可以带动螺旋桨旋转、推动潜艇前进。应急电机只有在核反应堆发生故障或汽轮机出了问题后才应急使用。

核潜艇的续航力很大，装一次核燃料，可以使用数年时间，航行数万海里，有的甚至达到几十万海里。它最大的优势

> 图325 核反应堆图

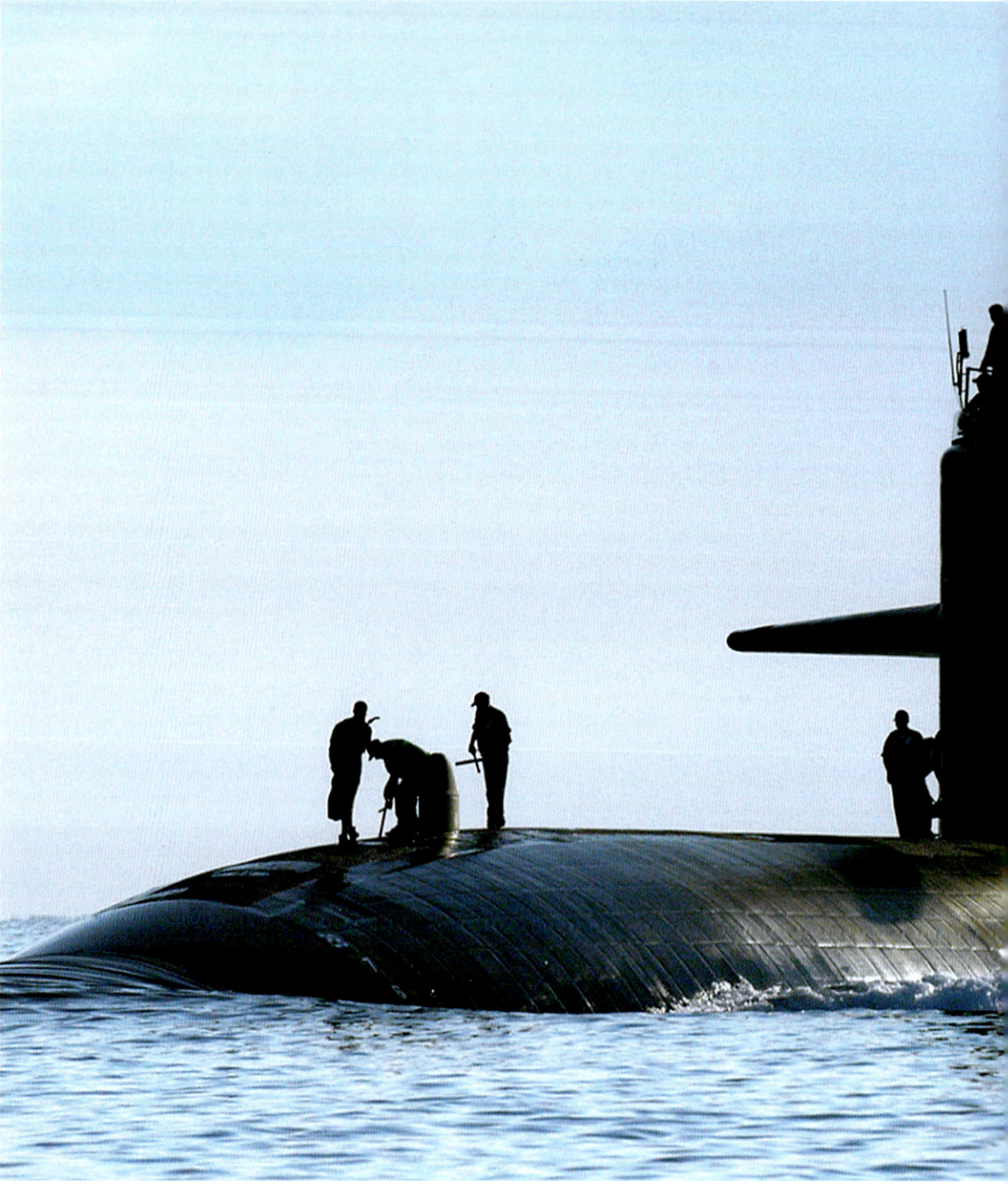

> 图326　美国核潜艇

是水下潜航时间长，在水下不需要像一般常规动力潜艇那样时不时浮到水面进行充电，这样也提升了核潜艇的隐蔽性。

核潜艇虽然有很多优点，但也不是完美的，造价昂贵，核燃料成本高，而且核裂变时产生放射性辐射对人员、物资有伤害，必须采取特殊的防护措施。如针对反应堆设置多层屏蔽，在一些重点舱室装设辐射剂量测量仪和监测报警系统，对艇上人员、空气、食品和淡水进行经常性检查等，一定要做到核辐射防护的绝对安全。当然，由于核防护装置体积庞大、较笨重，还将增加潜艇的重量。同时，核动力的维修也比常规动力要复杂很多。

第 8 章

幽灵绝技

——潜艇技术揭秘

生存基本功

水中潜游

作为“深海幽灵”，在水中潜游是潜艇的生存之道，没有扎实的潜游本领，潜艇是绝不能称为“潜艇”的。潜艇水中潜游的本领很多，譬如能自如地下潜上浮，能在水中悬停，必要时还能在海底静默。那么人们不禁会问，潜艇并不是真正的鱼，它是怎么做到这些的呢？

> 图327 水面航行中的潜艇

自如潜伏——潜艇下潜上浮的奥秘

潜艇需练就的最基本功法是“潜游”，必须要做到能自如地下潜上浮，这是入门的门槛。

水中潜浮的诀窍

其实，潜艇水中潜浮的原理很简单，古希腊的阿基米德在公元前就揭晓了答案，原来是重力和浮力抗争的结果！与水中的鱼儿一样，潜艇也时刻经受着一对力的考验，那就是向下的重力与向上的浮力。鱼儿依靠腹中鱼鳔来实现下潜上浮，而潜艇依靠的是水柜。

当潜艇（鱼）要下沉时，向空的水

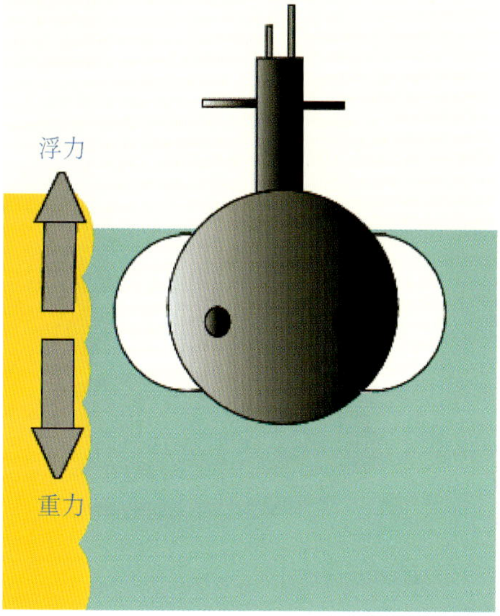

> 图329 潜艇的重力和浮力

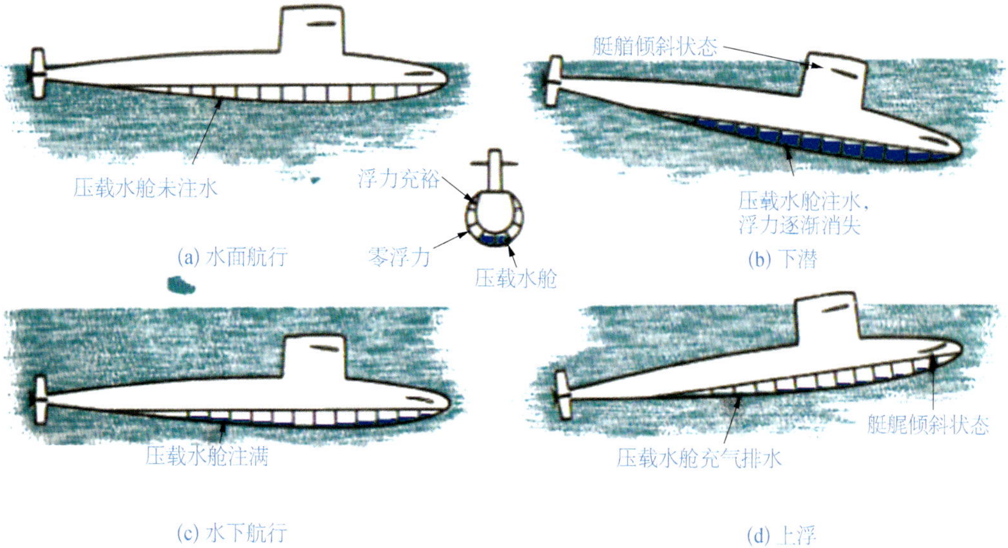

> 图328 潜艇潜浮示意图

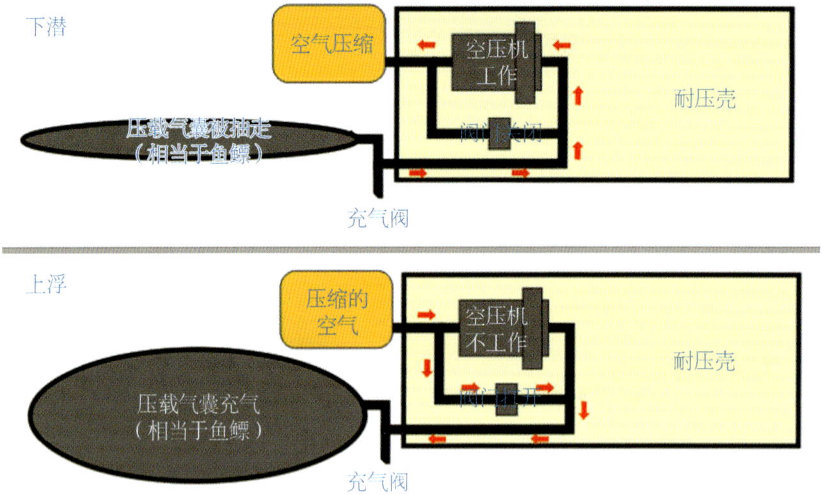

> 图330　潜艇潜浮原理

柜注水（吹出鱼鳔中的气体），使身体重量加重（减小所受到的浮力）；相反，潜艇（鱼）要上浮时，用高压空气挤出水柜的水（通过摄取水中的气体来充满鱼鳔），从而使身体重量减轻（增加所受到的浮力）。

潜艇的潜浮控制

潜浮既然只是重力和浮力之间的抗争，那么潜艇是如何做到的呢？既要能潜能浮，又要能在水中保持平衡。

原来在潜艇内部设计了许多的压载水舱，它们各司其职，有控制正常潜浮的，有辅助潜艇快速潜浮的，还有用于调节纵向平衡、潜艇重量微幅变化，此外潜艇上还布置了一些可操控浮态的设备，如操纵升降舵等。这些水舱和设备在潜艇作业过程中密切配合，大力协作。

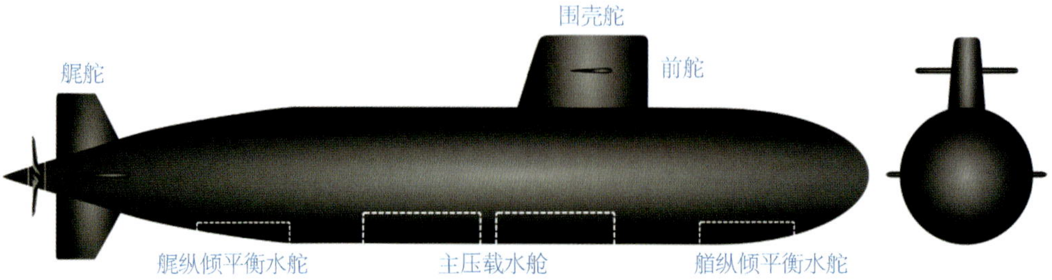

> 图331　潜艇的压载控制系统

正常情况下潜艇潜浮

潜艇船壳内布置有数个巨大的主压载水舱，每个主压载水舱的顶部设有通气阀、底部设有通海阀或通海口。

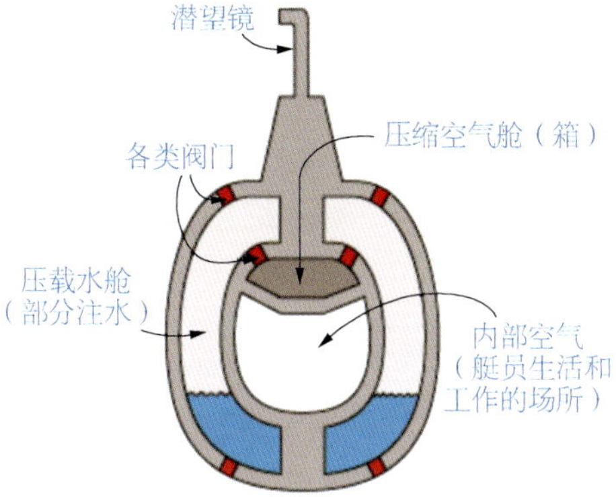

> 图332 双壳潜艇主压载水舱横截面示意图

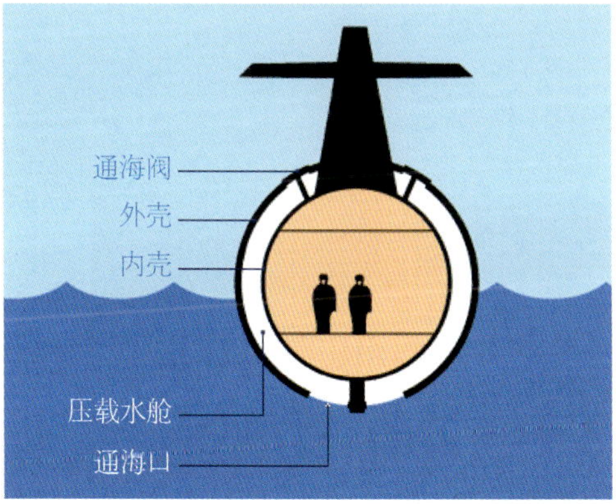

> 图333 双壳潜艇主压载水舱构成示意图

正常情况下，当潜艇需要下潜时，需同时打开通海阀与通气阀，主压载水舱中的空气从通气阀排出，舷外的海水则通过通海阀进入水舱。随着主压载水舱中的水越来越多，潜艇就会逐步下潜。当主压载水舱全部灌满，则潜艇的重力正好与浮力平衡，这是设计师们仔细设计、反复核算的结果。

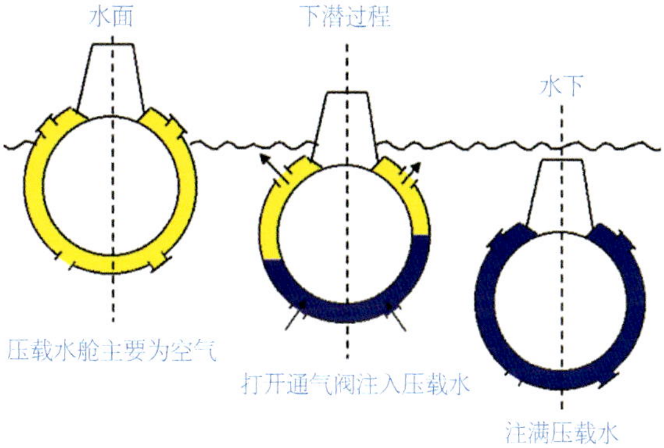

> 图334 双壳潜艇下潜示意图

反之若用高压气体把主压载水舱中的水“挤”出去，潜艇重量减轻，潜艇自然也就上浮了。

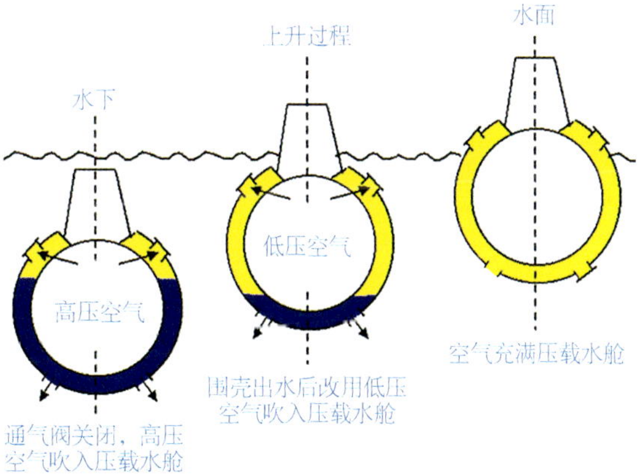

> 图335 双壳潜艇上浮示意图

紧急情况下潜艇快速潜浮

在海上的潜艇难以避免会遇到紧急敌情，如遇到强悍的敌人，需要快速下潜、迅速隐蔽时，单靠主压载水舱就有点“力不从心”了。为此，潜艇上设计了一些用于快速下潜的速潜水舱。正常情况下这些水舱并不灌水、空空如也，但一旦速潜需要，主压载水舱和速潜水舱会“并肩作战”、一齐灌水，这样潜艇下潜会加快。当潜艇即将到达规定潜深时，为了防止它“刹不住车”，连接速潜水舱的高压气体会将舱内的水逐渐排出，潜艇的下潜自然就得到了控制。

“悬浮”平衡

潜艇在水下航行既不能“打破平衡”，也不能“头重脚轻”，更不能像“顽童”一样在水中“翻滚”。这些对于鱼儿来说再寻常不过的动作，对于潜艇来说却是危机四伏。就拿“头重脚轻”来说，一旦一头重一头轻，潜艇就会向重的那头扎过去，很可能会一头扎入深海，一去不复返。

潜艇在航行中，其重量与浮力是经常发生变化的，譬如粮食与燃油消耗、海水密度改变等。在这些情况下，如果不加干预，潜艇在水中“悬浮”的平衡就将被打破。为了克服这些问题，设计师们在潜艇舯部、一般靠近浮心位置设置了调整水柜，通常这些水柜储有1/2 ～ 2/3的海水，当潜艇重量减轻或浮力增大了，只需往这些水柜灌些水即可，反之则挤出些水。此外，调整水柜还有一个作用，当深海中漫游的潜艇想要再往下“潜水”甚至是坐沉海底时，只需往调整水柜中灌进一些水，潜艇即可像铅块一样下沉了，当然下沉的深度一定要控制在潜艇的极限深度以内，否则潜艇会因承载压力太大而被压垮、压扁。

> 图336 潜艇悬浮平衡的重要性

> 图337　潜艇坐沉海底

潜艇上人员的走动、某处物资的移动等都可能使潜艇像天平一样一头重一头轻。为了避免这个问题，潜艇上设的纵倾平衡水柜开始发挥作用。纵倾平衡水柜一般设在潜艇的前、后端，它们之间由水管连接，水管上还设置了水平仪等纵倾测量仪器。当仪器显示潜艇发生纵倾时，则只需把重的那头的水移动到轻的那头即可。实际上，潜艇一旦发生“危险纵倾”，潜艇上的一些设备还应予以帮忙，如操纵升降舵可用于控制航速，其他专用水柜一齐帮忙进排水。只有通过各种措施的齐心协力，潜艇纵倾之灾才能得到有效控制。

小贴士

潜艇的“悬浮”平衡

为什么有的潜艇一旦发生舱室进水事故后，就有可能永远浮不上来，这也是潜艇“悬浮”平衡被打破的缘故。试想一下，潜艇在水下时，如果发生舱室大量进水，这时可能排出所有压载水舱里的水，也不足以保证潜艇的浮力大于其潜艇重量，这样潜艇就无法浮上去，只能听之任之，直至沉到海底为止。

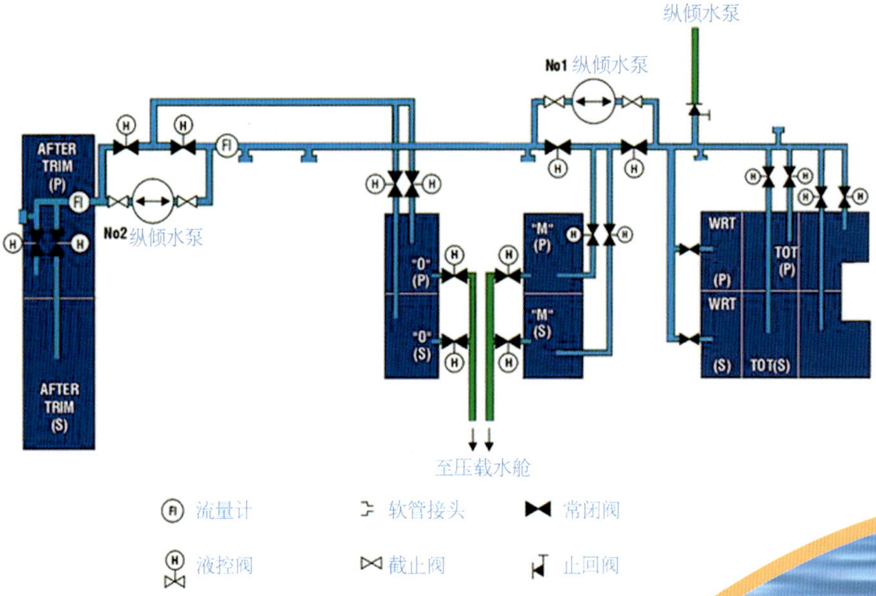

> 图338 纵倾控制系统简图

“不倒翁”

在深海中危机四伏，充斥着各种的涌、浪、流，一般情况一个置身其中的椭圆形物件会情不自禁地“翻滚”。那么，潜艇在水下会“翻滚”吗？实际上，保证不翻滚是潜艇设计的最基本标准。“翻滚”对于潜艇来说是十分危险的，不仅工作人员难以正常工作，而且设备的安全运行也得不到保证。为此，“不倒翁”原理派上了用场，设计师们尽可能把潜艇重心压低，把重量较轻的指挥、生活等舱室布置在上层，而把较重的动力、推进、武器、蓄电池等舱室布置在下层，潜艇就做到了上轻下重，可以像“不倒翁”一样，在水中岿然而立。

天时地利——利用海水密度跃层

在大海中，有一种奇怪的现象叫液体海底，它看不见、摸不着，是由于海水中各处密度不同而形成的密度跃层，亦称海上密度“断崖”。在液体海底，潜艇各部位所受的浮力有所差异，就有可能像停在真正的海底一样，稳稳当当的，而无需担忧出现诸如艇翻人亡的海难。

> 图339　潜艇在水下平稳航行

同时，液体海底的海水密度有差异，光波、声波遇到它就会反射或折射，因此潜艇一旦遇到强敌，只需迅速钻到液体海底下面，敌人的搜索器材就会失去方向，无法准确判断潜艇躲藏的位置，潜艇可以轻轻松松逃过一劫。

利用液体海底，潜艇还可以慢速“静音”巡航，像雄狮慢慢接近羚羊一样，在敌方毫无所觉的情况下，搜索并接近目标，实施快速攻击，然后继续隐蔽，迅速销声匿迹。

因此，液体海底是潜艇作战的有利地形，潜艇会想尽办法去寻找它。而对于水面舰船，则截然相反，一旦发现附近有液体海底，则会赶紧脱离，以防止潜艇利用

小贴士

液体海底

液体海底是海水密度出现变化的地方，亦称密度跃层，与温度、盐度、深度及地理经纬度等因素息息相关。一般，在海上，由于受月亮、太阳的引潮力或风、海流等的影响，密度跃层的界面上会产生速度在2节左右的内波，当船的航速在2节左右而且与内波传播的方向相反时，船就很可能被海水“粘”住而无法动弹。在古代，船的航速低，一般在2～4节，很可能会被“粘”住。而现代船舶航速一般远大于2节，所以也没再碰上过“粘”船的怪事。

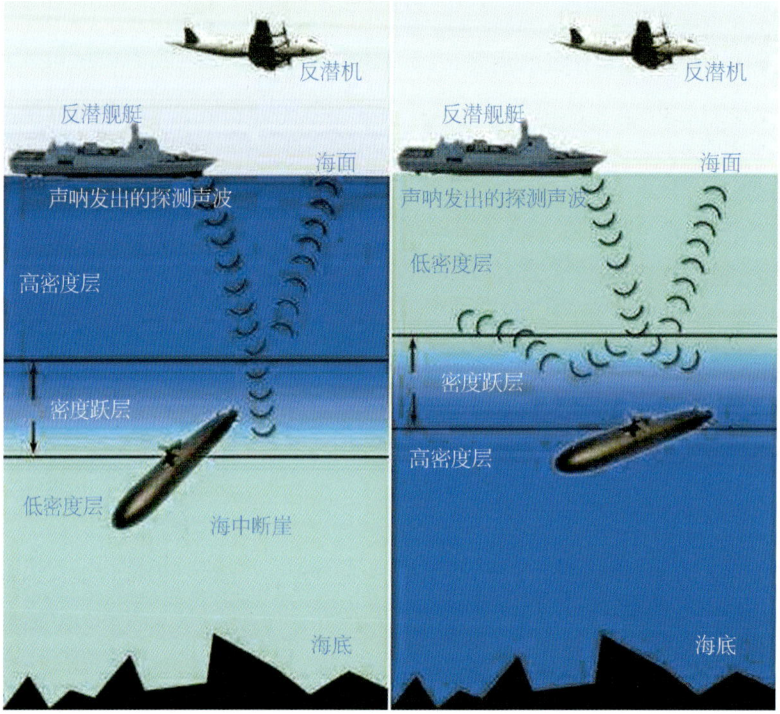

> 图340 潜艇密度跃层的作用

液体海底进行隐蔽出击。

水下之潜能——潜艇的潜深

潜艇，作为“深海幽灵”，潜深一直是它的主要性能指标之一。

早期潜艇为了规避声呐侦测，曾大力追求大潜深，比如苏联麦克级潜艇创下了潜入水下1 000多米的世界纪录。大潜深，对于潜艇来说既是安全，也意味着风险。潜艇下潜深度越大，潜艇越不易被敌人所发现，那为何潜艇不无限增大下潜深度呢？实际上，下潜深度的提升要付出巨大的代价，下潜越深伴随着潜艇耐压壳体所承受的压力也就越大，大约水深每增加10米，就要增加一个大气压，一艘长50米、直径4米的潜艇下潜到300米的水下，每平方厘米需要承受300牛顿的力，整个壳体承受的水压力总和达到1.8亿多千克，要建造如此坚硬的壳体，可想而知需要付出多大的代价。因此，潜艇的下潜深度是否增加需要量力而行。

现代潜艇为了提升下潜深度，也的确采取了一些措施，譬如采用钛合金和增强塑料等高强度耐压材料，采取带肋夹层的圆柱壳结构等适合深潜的耐压结构形式，

> 图341　麦克级潜艇

采用新型焊接技术，艇体采用能够耐受海底高压的合金钢材等抗压措施等，直接导致潜艇造价飙升，因此通过大潜深增加潜艇的隐蔽性是值得商榷的。

随着潜艇技术的发展，人们发现利用“静音”来提升潜艇的隐蔽性或许是性价比较高的做法，所以也就不再盲目追求潜深了。如今美国海狼级、俄罗斯阿库拉级等潜艇最大潜深约600米，这在当今潜艇中也算是大潜深的杰出者了。

> 图342　亚森级潜艇

潜艇的下潜深度指潜艇中心到水面之间的垂直距离，一般根据潜艇工作任务需要，有潜望深度、危险深度、工作深度、极限深度，以及设计深度之别。

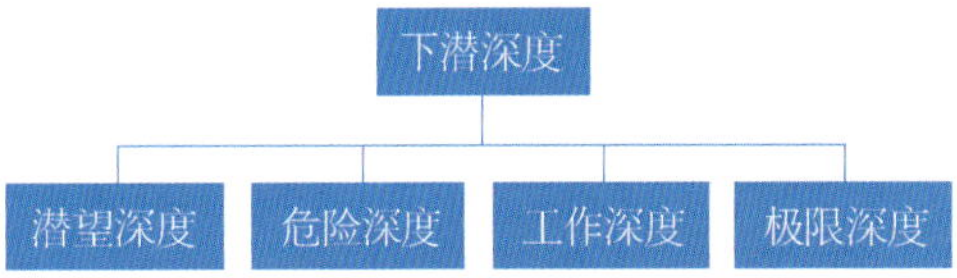

> 图343 潜艇下潜深度分类

潜望深度

为了便于潜艇观察或浮上来透透气，潜艇经常要接近水面，或使用潜望镜，或其他升降装置（如通气管、雷达天线、无线电天线等），这个航行深度称之为潜望深度。这个深度的大小主要取决于潜艇的

> 图345 潜艇潜望深度示意图

> 图344 处于潜望深度的潜艇

类型、潜望镜和其他升降装置的升距及其伸出水面的距离，通常为7～15米。

危险深度

潜艇以危险深度航行时，很容易与水面舰船发生碰撞，危险深度一般在潜望深度以下至45米之间。为此，除非潜浮中短时间通过或有特殊需要（如收报）外，潜艇一般禁止在此深度航行或逗留，而且潜艇在通过此深度时，必须发出战斗警报进行预警。

工作深度

工作深度，顾名思义，是潜艇在水下可进行长时间航行和逗留的深度。通常在危险深度以下至极限深度的80%～90%。在此深度，潜艇各种装置及系统可长时间正常工作，通常亦可发射鱼雷或导弹。

潜艇的工作深度越大，其水下活动范围就越广，不仅有利于潜艇隐蔽，而且有利于战术机动。一般大型潜艇的工作深度为30～400米；中型潜艇为30～300米；小型潜艇为30～120米。

极限深度

极限深度是潜艇允许的最大下潜深度。在这个深度，潜艇耐压艇体应不致损坏，这是设计必须考虑的指标。而且潜艇实际航行中，除非万不得已，一般不允许在极限深度航行，即使有意外情况，也只允许有限次数的短时停留，有的潜艇对通过的次数进行了规定，如不超过300～500次。

现代潜艇的极限深度一般为300～600米，极个别的能达到上千米。潜艇在航行中千万不能超过极限深度，一旦超过，很可能会发生艇毁人亡的惨剧。

设计深度

设计深度是设计潜艇耐压艇体而设定

> 图346 处于工作深度的潜艇

> 图347　海底毁坏的潜艇

的深度，通常取极限深度压力的1.3 ～ 1.5倍，有的甚至达到2.2倍。之所以保留这样大的安全系数，是为了保证潜艇万一遇到危险情况需超越极限深度时，仍能保持一定的生存力。

> 图348　潜艇坚硬的外壳

潜艇航行时的阻力

为什么核潜艇水下航行的速度有时能高于水面航行的速度呢？

潜艇在水下受到的阻力主要有摩擦阻力、旋涡阻力和突出体阻力。

潜艇在水面低速航行时，受到的阻力有摩擦阻力、旋涡阻力和突出体阻力，以及很小的兴波阻力和空气阻力。

相比水下航行的潜艇，水面航行的潜艇其摩擦阻力要小很多，因此核潜艇低速航行时的水面速度要高于水下航行速度。

但是，潜艇在高速航行时，情况就完全不一样了，随着航速的增加，潜艇在水面上的空气阻力和兴波阻力将大大增加，使其总阻力大于在水下高速航行的总阻力，有时水面阻力甚至会是水下阻力的2倍，所以高速时潜艇的水下航速一般要高于水面航速。

生命的元素

潜艇内生活的奥秘

潜艇活动在水下，艇员与外界完全隔绝，终日不见阳光，没有新鲜空气，高温且充满噪声，如果是核潜艇还会受到核辐射的威胁，潜艇艇员早期生活条件十分恶劣。为了改善艇员水下生活与工作条件，潜艇在改善空气质量、提供淡水、提升环境舒适度方面采取了一系列的措施。

空气的来源

氧气是人们生存的必需品。在百米深海中，潜艇内的空气随着机器及人员的使

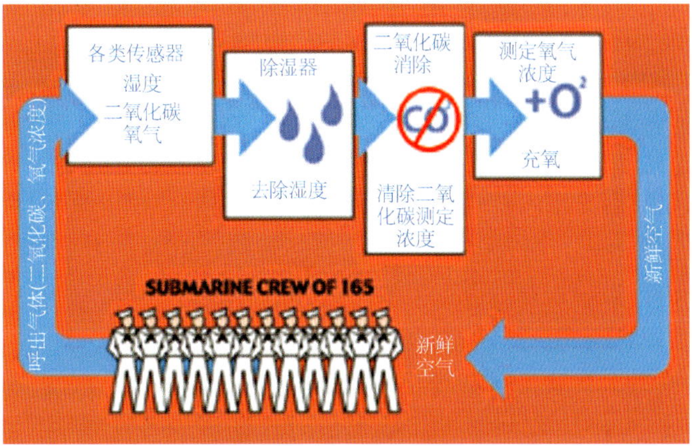

> 图349 空气再生流程示意图

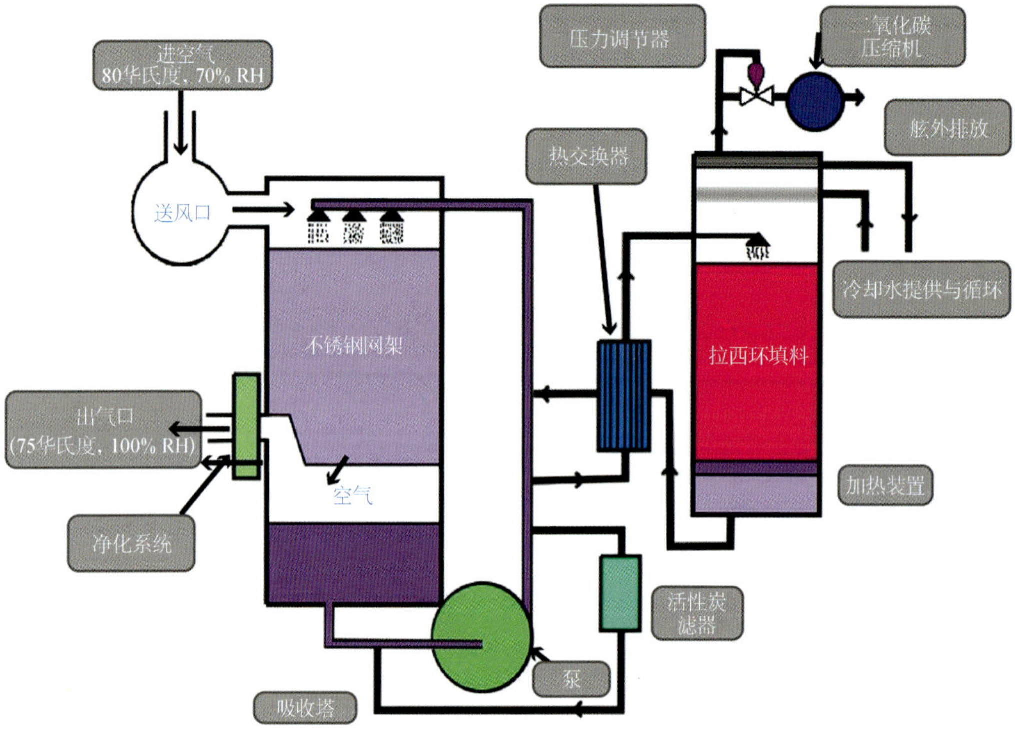

> 图350 二氧化碳消除流程示意图

用会越来越稀薄，此时必须获得空气、消除二氧化碳以维持艇员日常生活。

氧气再生装置

潜艇潜入水下以后，艇内空气一般只能供人员呼吸4～6小时，超过这一时间该怎么办呢？为此，潜艇上专门设置了氧气再生装置，它是一种利用化学药剂吸收二氧化碳，产生氧气，从而保证艇员正常呼吸的装置。氧气再生装置主要有药板式、氧烛式等。中国和俄罗斯的潜艇一般采用药板式（对流型），而英国、美国、法国等国的潜艇则一般采用氧烛式空气再生装置。

药板式再生装置（对流型）

药板式再生装置（对流型）是一个内部插放再生药板金属架的长方形金属箱，其上、下盖的四周开有气孔，箱体两侧上下部纵向各开有左右对称的若干条百叶窗，药板垂直插在箱内，每块药板之间有一定的间隙，使其两面均能充分接触舱室空气。二氧化碳和水汽从再生装置下部进入，经化学反应后，氧气从上部放出，形成自然对流。该装置使用方便，效果较好，比较安全。

氧烛式空气再生装置

氧烛式空气再生装置通过氧烛燃烧产生氧气，并与二氧化碳吸收罐配合使用，吸收舱室中的二氧化碳。氧烛是用亚氯酸钠和其他化学药品制成的，形状呈圆柱体，类似于生活中的蜡烛。使用时，点燃氧烛就可以放出纯氧。氧烛是在金属容器内燃烧的，放出的氧气从容器内流向舱室。1根约40厘米长、10厘米直径。

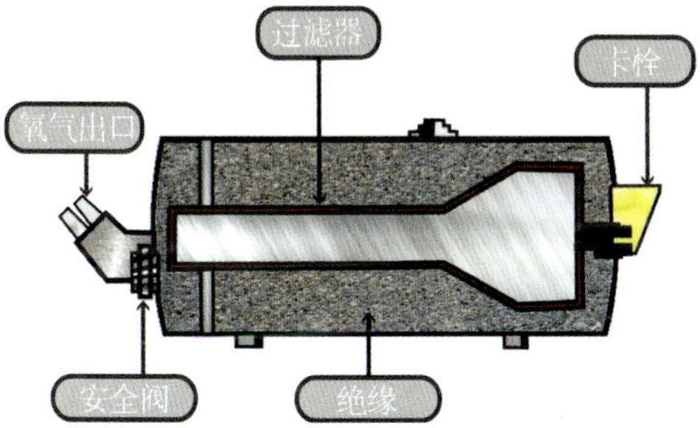

> 图351 氧烛式空气再生装置

潜艇水下逗留时间的长短主要取决于其氧气再生装置的制氧能力。一般来说，常规动力潜艇在水下逗留时间为80～600小时。核潜艇由于具有充足的能源，可以用海水制氧供艇员呼吸，因此可以长时间在水下活动。

氧气瓶和液态氧

除了氧气再生装置外，一般潜艇还备有氧气瓶和液态氧，主要供潜水钟、深潜器等使用。与医院所用的氧气瓶很相似，潜艇中使用的氧气瓶是将氧气储存起来的一种高压容器，使用时打开氧气瓶阀门即可放气。

液态氧是将氧气压缩为液体后储存在高压容器中，使用时也只需打开容器阀门即可。液态氧相比氧气瓶中的氧气更浓缩、供氧速度更快。

> 图352 氧气瓶

通气管装置

当潜艇以潜望状态航行时，通气管装置就派上了用场。通气管装置是一种可以升降的管子，有一个进气管和一个排气管。在潜艇上浮至潜望镜深度后，外界的空气利用露出水面的进气管就可以进入潜艇了，而排气管则是将艇内的废气排出艇外，从而保证艇内空气清新。

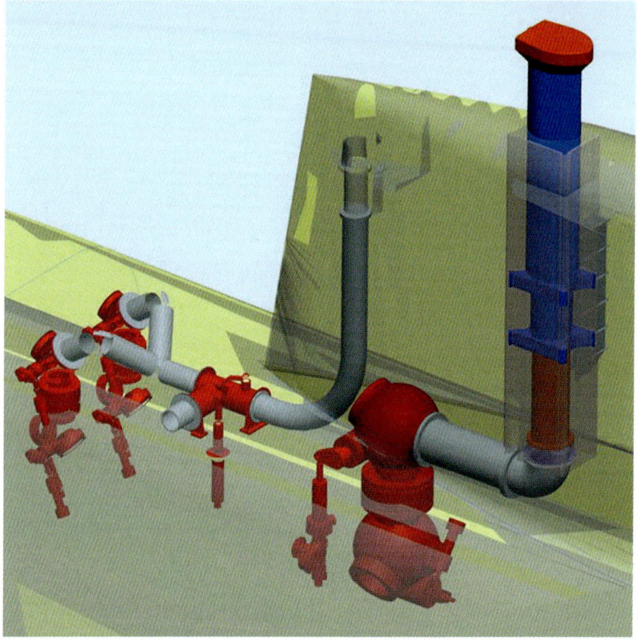

> 图353 通气管装置

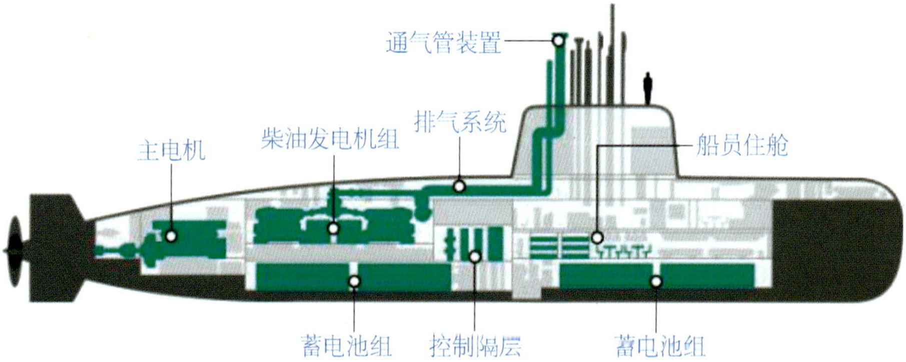

> 图354 通气管装置示意图

淡水的供给

淡水是人们日常生活中不可缺少的，对于艇员来说尤为珍贵，甚至超过了艇上燃油的地位。潜艇远航时艇员们的用水会被严格限制，甚至连水龙头都要由专人管理。艇员们每天的洗漱用淡水需以茶缸为计量单位，少得十分可怜，往往一杯水搞定洗脸、刷牙。

艇员们淡水使用如此之“节省”，一方面是因为潜艇上淡水资源紧张，特别是常规动力潜艇淡水舱容积十分有限，采用海水制淡又十分费油（制一吨水约需消耗2吨油），被视为“奢靡”行为，往往不敢采用此法；另一方面也是为了满足潜艇隐蔽航行所需，喝水多了自然要小便，而厕所的脏物储容器满了就必然要排污，这样就容易暴露潜艇的行踪，带来不必要的麻烦。

对于核潜艇，一般都配有海水淡化装置，这样就可以把苦涩、无法饮用的海水变成可口的淡水了。

淡水在潜艇上如此之宝贵，艇员们也想尽办法节水，譬如吃饭时采用一次性塑料袋套住碗以节省洗碗水，出海前购买湿纸巾以节省洗脸水，采用一次性内裤和袜子以节省清洗水等。

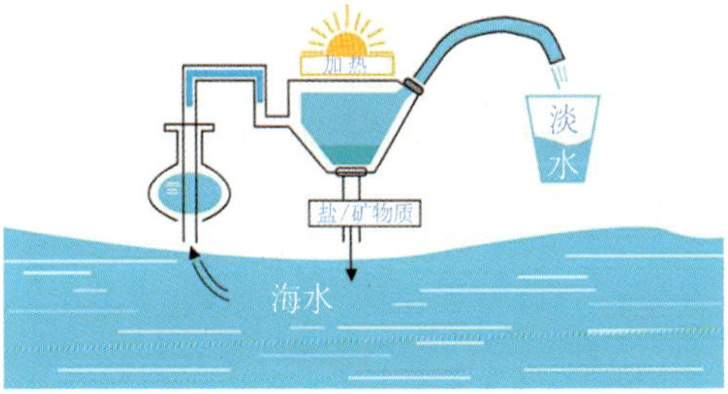

> 图355　海水淡化原理图

艇内环境的改善

潜艇是艇员之家，这个家不夸张地说——“一艇有四季”，温度低的艇艉舱室如同冬季，而温度高的机舱如盛夏。潜艇内各类舱室十分拥挤，机械轰鸣，废气

> 图356　潜艇内狭窄的通道

> 图357　潜艇内舱室（一）

小贴士

海水淡化

主要有蒸馏法和电解法两种方法。蒸馏法的原理很简单，因为海水中的化合物不会蒸发，只有淡水会被蒸发，所以把海水加热至一定的温度产生蒸汽，将这些蒸汽冷却，就获得了淡水。电解法是采用电解原理获取淡水的一种方法。

> 图358 潜艇内舱室（二）

> 图359 潜艇医疗舱设施俱全

四溢。因此，改善艇内的工作环境迫在眉睫。

空气调节

现代潜艇上安装了空调设备，可以降低舱室的温度，保持一定的湿度，同时还可过滤处理一些有害气体，消除一些异味，使空气保持一定的新鲜程度。空调设备能保障舱室内温度不超过30℃，湿度不超过65%；有的空调设备能使舱室温度保持在20～22℃，空气湿度在46%，使人感到非常舒适。

隔振降噪

噪声是潜艇内影响艇员健康的一大灾害。按普通人的听觉，40～60分贝较能承受。而潜艇，特别是动力舱中的噪声有时超过100分贝，如果不采取措施，艇员长期生活在这样的环境里会产生食欲不振、恶心、耳鸣等症状。为此，现代潜艇上都普遍安装了减振器和隔音装置，使噪

> 图360 潜艇的居室充分利用

声有所下降，同时在必要的情况下，艇上还为艇员配备隔音耳塞来降低噪声危害。

温馨条件

潜艇上的照明是很适宜的，舱室颜色也是协调宜人的，居室有的分小的房间，医疗设备也较完善，有的潜艇还设有图书馆和体育运动器械室。

获取阳光

在深海中，阳光成为艇员们的一种“奢求”，为了弥补自然光照射的不足，除了远航前安排艇员尽量多地参加户外运动、多晒太阳外，有的现代潜艇还专门设计了日光浴室，可模仿日光的紫外线照射，每周安排艇员“晒”上半个小时。而且，远航期间还会为每位艇员配发富含维生素的口服药品，以弥补水下航行期间照不到阳光所致的维生素不足。

水下脱险逃生

艇员的自救

对于潜艇而言，在海战中受损或设备老化、操作失误等都可能威胁到安全、带来突发险情，甚至造成潜艇失事。为此，水下脱险是每个潜艇艇员必须掌握的技能，脱险模拟训练必不可少，水下脱险是潜艇设计师必须慎重思考的重要方面。

当潜艇在深海失事时，艇员水下脱险

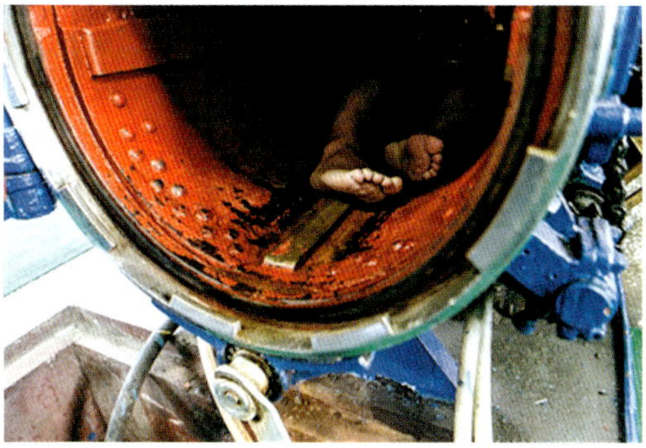

> 图361 鱼雷发射管脱险模拟训练

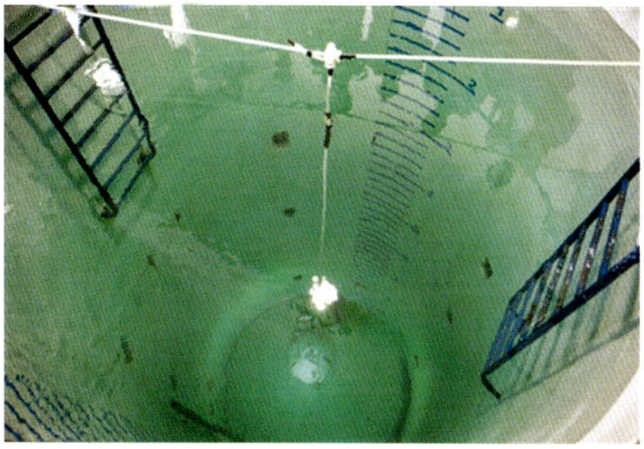

> 图362 闸套脱险模拟训练

的办法并不多，大致分为单人脱险法与集体脱险法两大类。

单人脱险法

单人脱险法是指艇员依靠自身的力量，穿着脱险服或使用水下呼吸器，按照一定程序和方法，离开失事潜艇，也称为自救脱险法。常用的单人脱险法有减压脱险法、快速上浮脱险法。

减压脱险法

它是一种早期的单人脱险方式，在20世纪30年代就被广泛采用。脱险时，潜艇艇员穿上装有呼吸器的单人水下出艇装具，经鱼雷发射管等救生舱部位，在艇内外的压力均衡后，离开失事潜艇，然后沿救生浮标绳采用阶段减压法逐站停留减压、上升到海面脱险。这种方法虽然具有一定的可操作性，但脱险所需时间长，遇险艇员从水下上升到海面需要90分钟左右，长时间暴露在高压的海水中，艇员不仅存在患上减压病甚至死亡的风险，而且深不见底的大海无论是海水的浸泡还是水温、鲨鱼都可能是致命的威胁。

快速上浮脱险法

它是英国在20世纪60年代开始研制的一种单人脱险方法。据研究表明，如果一个人在60米的深水中逗留时间不超过3分钟，立即快速上浮，并在不到20秒时间内上升到水面，则水压的变化不会危害到人体的健康。利用这个原理，人们想出了快速漂浮脱险方法，同时为了适应几百米深水下快速上浮的需求，快速上浮脱险装置应运而生，比较具有代表性的是英国研制的MK10型快速上浮脱险服，其最大的特点是脱险服为单层，并配有单人充气救生筏。

> 图363 英国研制的MK10型脱险服

采用快速漂浮脱险法时，脱险艇员穿上快速脱险服，进入艇上专用调压筒内，经过快速加压到外界水深压力后，艇员出艇快速上浮至水面，上浮速度约每分钟160米。1970年，英国海军在马耳他岛附近海域进行了一次脱险演习，在182米水深海底的模拟失事潜艇中，采用该方法成功救出47人次，创造了潜艇艇员从海底实艇中脱险出水的最高纪录。

快速漂浮脱险法的优点是：适合较大的水深，目前试验表明可达200多米；艇员在高压下的暴露时间短，不会得减压病；脱险服结构简单、易操作。但它也有缺点，首先必须潜艇内部常压时才能实施；其次快速调压要掌握“分寸”，调压不当也会得减压病。

集体脱险法

集体脱险法需借助外部的援助，可采用救生钟、深潜救生艇予以援救脱险，又称为救援脱险法。

救生钟

它是最早出现的集体援救脱险装备，是一个钢制可承受内外压力、能与失事潜艇救生平台对口连接的专用救生装置。在1939年，美国就利用救生钟营救了沉没在70多米水深的潜艇内的33名艇员，这是最早也是迄今为止唯一一次潜艇救生设备用于援救实际失事潜艇艇员的事件。

救生钟内分为上下两个舱室，以水密门连接。上舱为救护舱，有上盖，供人员出入，舱内设有座位、电话、照明、深度仪、压力表和注水、排水、供气控制设备；下舱为过渡舱，设有下盖，与潜艇对接后脱险艇员可通过下盖进入救生钟。救

> 图364 潜艇救生钟

> 图365 潜艇救生钟吊放

小贴士

潜艇的救生舱

为了保障艇员的生命安全，利于潜艇失事后艇员的脱险逃生，在耐压壳体内设有若干救生舱。救生舱的前后横隔壁是耐压的，舱内设置逃生口及各种应急救生设施、物品，一般分设在艏、舯、艉或邻近艇员集中的地方，如艏鱼雷舱、指挥舱和艉出入口等。当潜艇失事时应便于艇员迅速进入各救生舱。

生钟平时配置在救生船上，一般不具有动力，使用过程中需由救生船钢缆进行吊放、对接与回收。一般救生钟一次可容纳操作员2名和脱险艇员8名。为了提高救生作业的抗水流能力，有的国家还会在救生钟上安装推进器，成为移动式救生钟。

但总体而言，救生钟的机动性较差，还必须由救生船吊放，而且极易受水文、气象条件的影响，吨位也不能太大、救生人数也受到限制。

深潜救生艇

它是一种能在大深度下对失事潜艇艇员实施集体脱险救生的先进装备。1963年核潜艇“长尾鲨”号的遇难，给美国人沉重一击，为此，美国投入了深潜救生艇的论证研究，于20世纪70年代初就研制出了2艘深潜救生艇并加入美国海军序列。其他国家，如英国、法国、苏联等也纷纷

> 图366　美国深潜救生艇

> 图367　深潜救生艇的吊放

> 图368　深潜救生艇水下与潜艇对接

开展深潜救生艇的研制或进行购买。

深潜救生艇其实是一种特殊设计的小潜艇，具有动力、观通、导航等设备。当需要进行救援时，由水面救生船或救援母艇运到失事潜艇海区后，就可在水下自行搜索失事潜艇。在深潜救生艇上有两个以上的舱室，如驾驶舱、救生舱等，配备负责驾驶、操纵、观通的潜航员，以及负责援救的救生员。该艇腹部装有裙罩和对接口，可与失事潜艇的救生平台对接。

当前，深潜救生艇已成为现代潜艇救生装备的代表，是各国海军大深度援潜救生的主要技术手段。它具有救生人数多、对潜艇现有装备改装要求少、对失事潜艇姿态适应性强、救生深度大、机动性好、对海情适应性较高、救生安全性高等多种优点，是集体救援的很好手段。

小贴士

潜艇失事后实施救援非常困难

2000年8月10日，俄罗斯“库尔斯克”号核潜艇参加在巴伦支海进行的军事演习。11日，它成功地发射了一枚鱼雷，按计划12日应该再发射一枚鱼雷，但12日早晨，潜艇却失事沉没于150米的海底。当天，俄海军救援船就抵达了出事海域，到第二天该海域已集结了24艘有关舰船、微型潜艇及12个潜水救生钟，组织了多次营救，都无济于事。后来挪威、英国等国派船进行救援也纷纷宣告失败。最后艇上118名官兵全部遇难。这个事例充分说明了潜艇在海里一旦失事，实施救援是相当困难的。

除了以上方法外，一些国家还为潜艇设计了潜艇失事上浮系统，当潜艇失事时，该系统内的固体燃料快速燃烧，产生高压燃气，自动应急吹除主水柜内的海水，使潜艇上浮而免除艇员遇难的惨剧。但此事若发生在海战时期，失去战斗力的上浮潜艇很可能会成为敌方的“囊中之物”。

尽管现在针对潜艇或艇员的救生有很多方法，但是实际上深潜潜艇失事后救援成功的概率微乎其微，大潜深救生技术仍是困扰潜艇救生的一大难题。

无声无息的技能

潜艇隐蔽性

潜艇在水下战斗活动，必须十分小心地保持自身的隐蔽性，哪怕是一片油迹、一个罐头、一张废纸、一丝电波，都有可能成为暴露自己的“证据”。所以，潜艇要力尽所能做到“五无”——无形、无迹、无声、无电、无磁。只有尽可能做到这些，潜艇在水下活动才不容易被敌人发现，才能更加安全地执行各项作战任务。

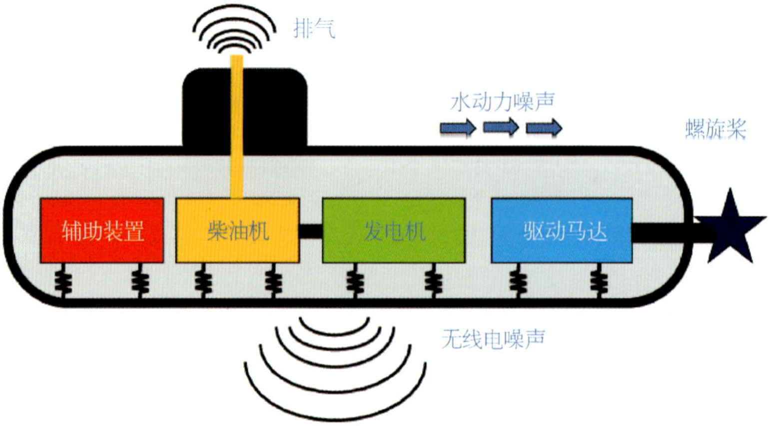

> 图369 潜艇的噪声来源

> 图370　美国海狼级攻击型核潜艇

在“五无”中，最让潜艇为难的是“无声”，特别是在声呐探测技术高度发达的今天。据悉，美国海狼级攻击型核潜艇上的被动声呐装置甚至能“听”出成群小鱼吃食的声音。研究表明，潜艇辐射噪声每降低6分贝，敌方被动声呐作用距离就需提高约50%，可见降低噪声对潜艇来说已是迫在眉睫，现代潜艇需想尽办法、不惜代价地尽可能做到“无声”。

潜艇的噪声来源主要有机械噪声、螺旋桨噪声和水动力噪声等。为了降低这些噪声，降噪措施遍布潜艇的每个角落。

降低机械噪声技术

潜艇要产生动力、电力，必须使用机

小贴士

潜艇隐蔽性的“五无”

所谓“无形”，就是尽可能不让潜艇的形体、升降装置等被敌人发现；“无迹”，就是尽可能在海面上不留下油迹和气泡；“无声”，就是尽可能不让潜艇发出较大的声响；“无电”，就是尽可能不让自己的无线电波、电磁波被敌人截获；“无磁”，就是潜艇在出航前要消磁，尽量降低艇体的磁场强度。

器，由此而带来的代价就是嘈杂响亮的机械噪声，而它可能会成为敌人追踪的“线索”。为了降低潜艇机械噪声，潜艇设计中需要从减振、吸声等方面入手采取全方位的措施，如在潜艇的壳体内部或舱壁上敷设吸声材料；避免艇体、主机、轴系等可能发生的共振；把主、辅机等重要的机械设备布置在双层隔振浮筏上；对振动较大的设备采用缓冲振动的基座或覆盖层、空气夹层；对管路系统采用尽可能多的弹性连接，尽可能降低管中流体流速，有些管路还要用上阻尼软管和消音器。可以说，只要有机械的地方，都要有效控制它发出的噪声。

> 图371 隔振浮筏

另外，通过改进减速齿轮装置、采用电力推进装置与反音响声源系统等方法也可以不同程度地降低潜艇的机械噪声。

据悉，俄罗斯最新设计的210级潜艇通过采取一系列减振降噪措施后，其总体噪声可以降到80分贝，实在有点难以想象。

降低螺旋桨噪声

作为潜艇的推进器，螺旋桨必不可少，但它却是潜艇中高速航行时的主要噪声源。螺旋桨旋转时，由于叶片承受载荷不均匀，会产生空泡、振动与噪声。为此，需要通过优化螺旋桨参数，如增加叶片、增大侧斜度或螺距、采用高阻尼材料等手段，以降低螺旋桨的振动噪声。

> 图372 潜艇的螺旋桨（7叶）

此外，泵喷等低噪声推进器也可以不同程度地降低潜艇的噪声。目前英国的特拉法尔加级核潜艇采用喷水推进，可降低

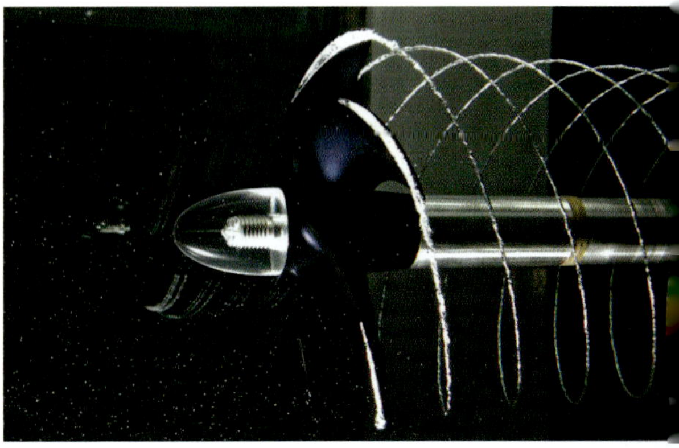

> 图373 螺旋桨的空泡

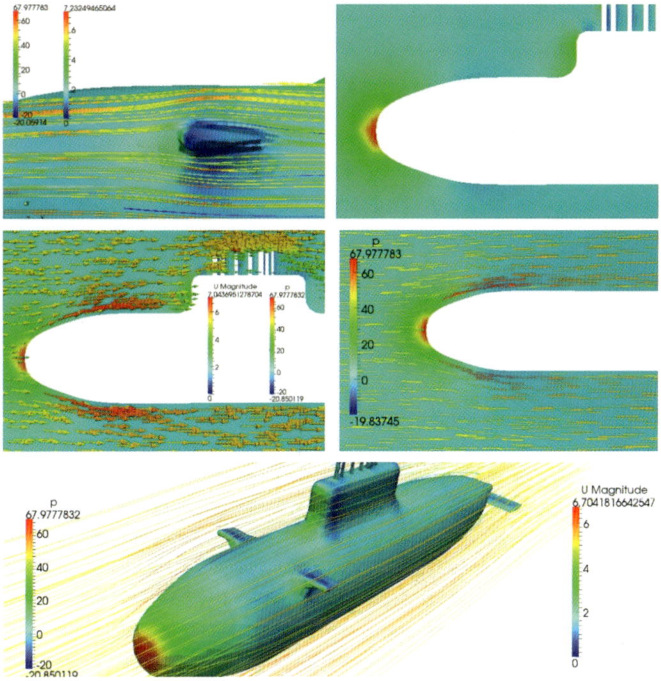

> 图374 潜艇光顺的流线

噪声约10分贝。

减小水动力噪声技术

在潜艇航行时，流经艇体的水流遇到不光滑的表面（如开孔、舰桥等）会形成湍流，从而产生脉动压力、发出辐射噪声，这个噪声称为水动力噪声。在潜艇以中高速航行时水动力噪声尤为突出，足以被敌方声呐所发现。因此，减小水动力噪声也是潜艇提升隐蔽性的一个重要方向。

水动力噪声的根源是艇体不光顺，为此需从改进潜艇的艇体入手，确保流经艇体的水下流体尽可能顺畅。可采取的主要

小贴士

螺旋桨的空泡

当潜艇的螺旋桨高速旋转时，桨叶背部形成一个低压吸力面，当压力低于海水的饱和蒸气压时，就会产生大量气泡，就像开水沸腾一样。但空泡不同于沸腾的开水，其周围充满高压海水的强力挤压，空泡会被急剧压缩，直至崩溃，而崩溃时，会有爆炸性射流产生，这个射流的时速高达几千千米以上，于是发出了很高的噪声，极大地降低了潜艇的声隐身性，长此以往螺旋桨还会出现空泡剥蚀等现象。

措施有很多，如主舰体尽量采用水滴型或拉长水滴型，减少开孔，采用弧形等；针对外部突出物，应最大限度地减少数量，必要的情况下可采用升缩式；针对舰桥，也应进行流线型等优化设计。

神奇的消声瓦技术

为了对抗越来越高超的探潜技术，一种功能神奇的消声技术——消声瓦技术登上了历史的舞台。通过在潜艇的外壳上敷设一层反声呐的覆盖层，就能起到消声作用。

消声瓦实际上是一种内部设有消声空腔的橡胶板块。一艘针对潜艇的不同部位，敷设的消声瓦也有差异。据悉，新

> 图375 敷设消声瓦的潜艇

> 图376 全范围前置阵列传感器系统监测图

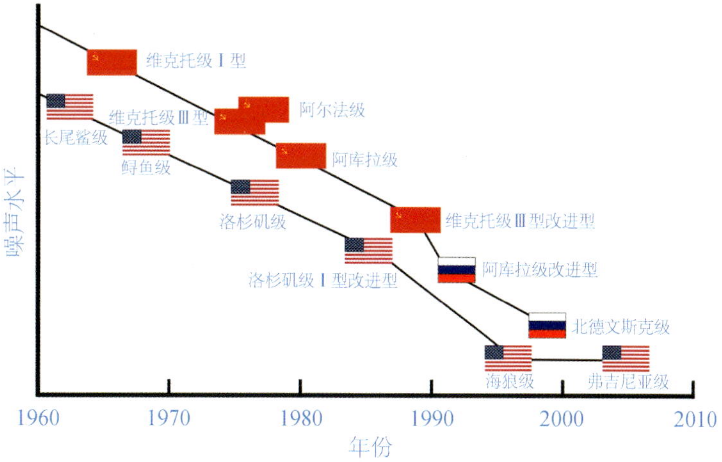

> 图377 美俄潜艇降噪争霸图

一代消声瓦可使敌方声呐探测能力降低50%～75%，并可降低潜艇噪声10～20分贝，隐身效果十分理想。目前许多国家的潜艇，如俄罗斯K级、日本春潮级和英国支持者级等都装上了消声瓦。

当前，世界上潜艇减振降噪技术研究比较先进的国家是美国和俄罗斯，中国、德国和日本紧追其后。

当然，潜艇上还可以使用一些伪装手段，如采用气幕弹、干扰器、潜艇模拟器等，给敌人的声呐造成假象，迷惑敌人，从而达到隐蔽自己行踪的目的。

小贴士

潜艇的消声瓦

潜艇的消声瓦就如同是潜艇的外套，它敷设在潜艇的外表面，既可以大幅度地吸收敌方主动声呐波探测的能量，减少声波的反射，又可抑制艇体振动，减少潜艇的辐射噪声，还可以改善艇体表面的流体动力特性。

第9章

展望未来

——潜艇发展趋势

神秘深邃的海底世界孕育出了一位“水下杀手”——潜艇，它勇猛无敌、隐蔽安静、其貌不扬。百年余来，它不断地进化、成长，伴随时间的流逝与新技术的发展，未来潜艇将更加强大、更能游刃有余地展示自己水下的风采。

总体而言，未来潜艇将可能有以下几方面的发展。

瞄准自身特点，综合性能节节攀升

潜艇具有隐蔽性好、攻击性强、水下性能优良等特点，未来的潜艇将瞄准这些特点，进一步提升自身优势，把自己打造成更为强大的水下利器。

不断提升隐蔽性，努力成为水中“隐形人”

潜艇的魅力和神秘性在于它的隐蔽性，隐蔽性对于潜艇的生存和作战性能有着直接的影响。随着当前各种反潜技术手段的迅猛发展，潜艇的隐蔽性也受到了严峻的挑战，因此未来潜艇将从声隐身、雷达波隐身、磁隐身等全方位出发，通过采用先进的减振降噪措施、先进的推进及消磁等各类技术，不断提升潜艇的综合隐身性。

应用综合作战系统，极大提升作战能力

潜艇综合作战系统是近年来现代潜艇技术和计算机技术发展的重要成果。它通过总线将声呐、指挥控制与武器、通信

> 图378 未来潜艇构想

图379 综合作战系统

导航等各分系统紧密相连，利用专用计算机对这些信息进行储存、处理、分析和评估，供指挥人员进行指挥和控制，还可在正常、应急和事故状态下，及时可靠地对潜艇进行自动化控制和管理，向指挥人员提供决策依据，实现快速反应，从而提高了指挥员决策管理能力，提高潜艇战斗力。

动力技术百花齐放，水下性能不断提升

在核动力技术方面，未来核潜艇将从提高堆功率、减小堆容积双管齐下，以提升续航力和降低反应堆对于艇空间资源的占用。另外还将极大地提升核安全性，通过提高反应堆自然循环能力来提升反应堆的固有安全性，重视核监测仪器仪表的先进性和可靠性，严防核泄漏。

在常规动力技术方面，AIP将如繁花般怒放，逐步在各国常规动力潜艇上“安家落户”并被普遍接受。现阶段，瑞典和德国在AIP潜艇研制上一直处于世界领先地位。近年来燃料电池（FC）/AIP潜艇受到越来越多国家的关注，相信它将会成为未来常规动力潜艇的一个重要发展方向。

融合信息化高新技术，智能化水平更高

曾有专家预言，未来谁能在人工智能领域中取胜，谁就能取得新军事革命的主动权。因此，随着人工智能技术、自适应智能人机交互、交互式仿真训练等技术的急速发展，未来潜艇将广泛应用智能化技术，达到提升作战效能的目的。

采用智能化作战系统，提升作战效能

通过采用人工智能等技术，构建新一代智能化潜艇作战及指控系统，可最大限度地延伸“人”与“系统”的功能，极大程度地提升潜艇的作战平台性能及作战指挥效率，适应未来网络中心战及信息化作战等需求。

小贴士

FC/AIP技术

FC/AIP技术属于电化学系统，无需经过燃烧就可以将化学能直接转为电能，理论上转化率可以高达90%。如果继续发展，有可能为潜艇带来无限续航力，能与核潜艇相媲美。

> 图380　潜艇与人工智能技术

> 图381 人工智能作战系统

应用人工智能技术，发展无人潜艇

随着智能化水下作战时代的到来，智能无人潜艇可能会是一个发展方向。无人潜艇完全无需人工操作，它无所畏惧，可以独自执行高难任务，也可以与有人驾驶装备协同完成联合作战任务。同时无人化小型潜艇也是蜂群战术中较为合适的作战主力。目前，各国在水下无人潜器方面有所发展，但无人潜艇研制方面尚处于起步阶段。

高难岗位智能化，缓减艇员工作压力

潜艇长期蛰伏水下，为了保持隐蔽性而终日不见阳光，因此艇员工作、生活条件十分恶劣。有了人工智能，一些脏活、累活可以由它们承担，这样可以避免艇员过度操劳，从而提高艇员工作效率。当潜艇执行紧急或综合复杂的作战任务时，利用人工智能快速反应、快速决策等方面的能力，可以使得潜艇作战有条不紊、临危不惧。

破除传统束缚，新型潜艇遍地开花

为了提升潜艇的水下性能、充分发挥潜艇的作战效能，科学家们另辟蹊径，开展了各种新型潜艇的研究，未来的水下世界也将有新型潜艇的一席之地。

> 图382 美国水下无人潜器

> 图383 人工智能机械手

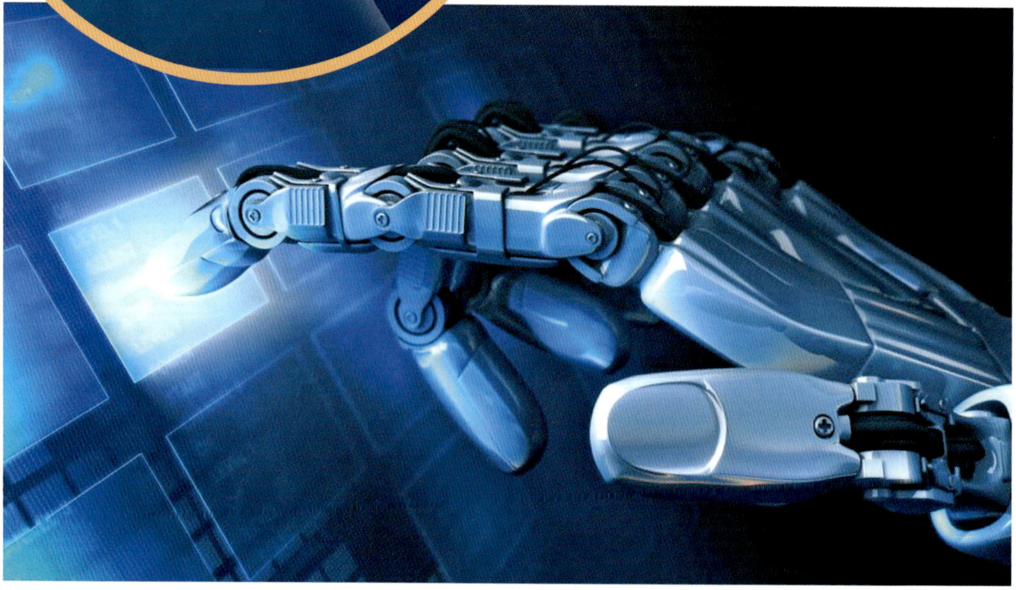

航母潜艇——融合航母与潜艇特点

现代潜艇虽然有“水下杀手”之称，但是它没有对空攻击能力，只能以水为掩护。因此，有人设想，如果“水下杀手”潜艇能有“海上霸主”航母相助，岂不是如虎添翼。那么未来的潜艇能成为水下航母吗?

“航母潜艇”的核心原理就是在攻击型核潜艇上部署大量无人潜航器。这些无人水下航行器可以到达更深的海底，作为收集情报的工具，从而实现对敌方潜艇进行全方位监视、跟踪与反击。

航母潜艇如能建成服役，这将对海战形式有较大的突破。它将把水下战、水面战、空间战连成一体。从空中到水面，又从水面到水下，形成一个铜墙铁壁、攻防结合的新型武器系统。

> 图384 航母潜艇概念图

磁流体推进潜艇——利用电磁学原理的潜艇

20世纪90年代，随着超导技术的发展，磁流体推进技术打开了水面舰艇的大门，为潜艇实现磁流体推进带来了曙光。

磁流体推进技术与磁悬浮列车原理比较接近，首先在潜艇内设置一个带有磁场的海水贯穿通道，犹如磁悬浮的轨道，磁场能对导电的海水产生电磁力，使海水运动，海水的反作用力从而推动艇体向前运动。这是一种全新的、没有螺旋桨和减速箱等传动机械的推进方式。

由于磁流体推进潜艇无需动力推进系统，因此操纵方便、机动性好，而且航速

> 图386 磁流体推进的海水贯穿通道

> 图385 世界首艘采用磁流体推进技术的船舶“大和1号”

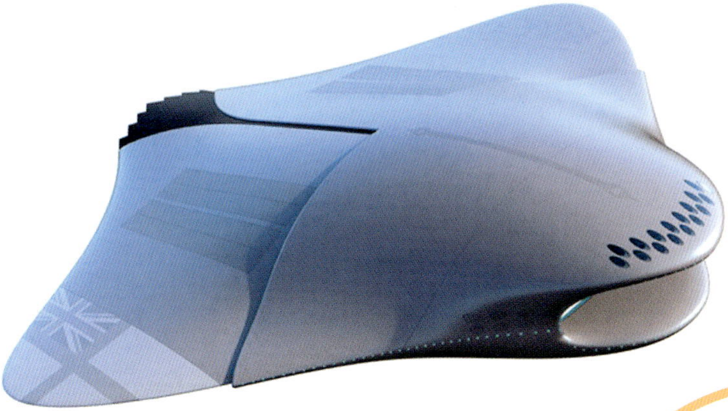

图387　仿生潜艇概念图

图388　鳗鱼仿生无人潜航器

高、艇内布局灵活，但由于磁特征增大、推进中会产生氯气，因此隐身性有所欠缺。

磁流体推进潜艇能使潜艇成为真正的水下高手，有望与核潜艇一较高下。

皮动潜艇——如鱼般淌游的潜艇

为了提升潜艇的水下性能，科学家从游动的电鳗身上获得了灵感，提出了一型仿生潜艇的畅想：用弹性皮取代潜艇传统的艇壳，依靠潜艇全身“皮”的有规律运动，使得潜艇前行，这就是所谓的皮动潜艇。皮动潜艇活像是水中鱼儿，浑身滑溜溜的，没有推进器，没有水平垂直舵，运动时无声无息，隐蔽性极好。目前皮动潜艇尚在探索研究中，相信不久的将来会成为潜艇家族中的一员，在海底大显身手。

小贴士

美国海豹运输艇

长约6.7米，宽约1.8米，靠电力驱动，水下航速约6节，最大航程约60海里。由于体型小巧，它可以神不知鬼不觉地进行人员及特殊物资的秘密运送，还可以执行敌后侦察甚至是反恐任务。

随着现代科学技术的迅猛发展，未来潜艇将发展到什么程度，令人难以想象。但我们坚信，未来潜艇必将是各种高新技术的融合体，将更安静、更强大、更完美，它仍将是水下无可替代的一代霸王，继续统领深不可测的海底世界。

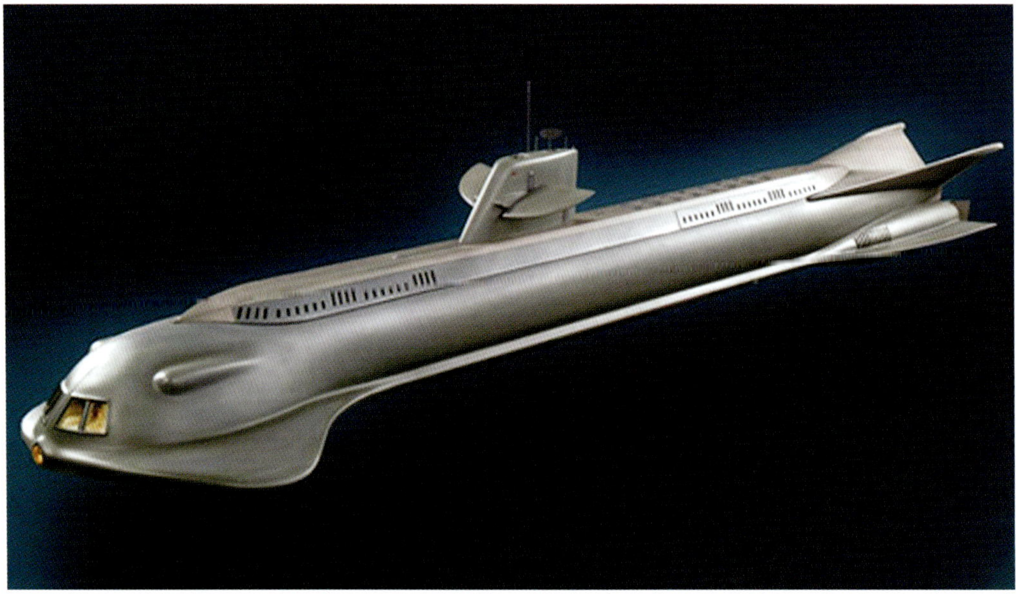

> 图389 未来潜艇畅想图

参考文献

1. 现代舰船杂志社.兵器世界之世界核潜艇图鉴.北京：航空工业出版社，2012.
2.《兵典丛书》编写组.潜艇——深海沉浮的夺命幽灵.哈尔滨：哈尔滨出版社，2011.
3. 牛建军，赵斌.水下幽灵：潜水艇.郑州：中州古籍出版社，2014.
4. 军情视点.深蓝杀手：现代潜艇.北京：化学工业出版社，2014.
5. 弗里德曼，等.现代潜艇和反潜作战.北京：中国市场出版社，2015.
6. 李松.常规动力潜艇PK反潜机.北京：机械工业出版社，2014.
7. 李松.深海争锋：AIP潜艇VS核潜艇图解.北京：化学工业出版社，2015.
8. 黄纬禄.弹道导弹总体与控制入门.北京：中国宇航出版社，2006.
9. 姜来根.21世纪海军舰船.北京：国防工业出版社，1998.
10.《深度军事》编委会.现代舰船鉴赏指南（珍藏版）.北京：清华大学出版社，2014.
11. 杨连新.巨鲨猎洋：核潜艇.北京：未来出版社，2015.
12. 杨连新.见证中国：核潜艇.北京：海洋出版社，2013.
13. 毛卫，王光荣，姚耀中.世纪之交话潜艇.北京：海潮出版社，2001.
14. 王新森.美国潜艇100年.北京：海潮出版社，2002.
15. 田战省.航空母舰和潜艇.吉林：北方妇女儿童出版社，2010.
16. 吴凤鸣，杨卫民.跻身三尺密舱——潜艇.山西：山西科学技术出版社，2003.
17. 齐庆芝.漫话潜艇.北京：科学普及出版社，1986.
18. 顾为安.水下杀手：潜艇.上海：上海教育出版社，1988.
19. 黄波，许建，杨学宁.特种潜艇.武汉：华中科技大学出版社，2008.
20. 凌翔.世界潜艇大观.北京：军事谊文出版社，1993.
21. 董凤纯.中国潜艇实录.沈阳：春风文艺出版社，1997.
22. 浩舟.常规潜艇.北京：人民出版社，1996.
23. 吴传瑞.钢铁蓝鲸——潜艇史话.北京：海潮出版社，2004.
24. 牟金磊，仲晨华.潜艇设计.武汉：海军工程大学，2016.
25. 张栋，郝英泽，孙团.潜艇构成白问.北京：海潮出版社，2014.

26. 谢祚水，罗广恩.现代潜艇.哈尔滨：哈尔滨工程出版社，2007.
27. 苏玉民，庞永杰.潜艇原理.哈尔滨：哈尔滨工程出版社，2013.
28. 李国兴，徐晓明.现代潜艇技术及发展.哈尔滨：哈尔滨工程出版社，1999.
29. 凌翔，顾维芳，凌寒羽.深海巨鲨：潜艇.北京：军事科学出版社，2000.
30. 黄彩虹.核潜艇.北京：人民出版社，1996.
31. 杨连新.走进核潜艇.北京：海洋出版社，2007.
32. 沈瑞喜，尚国清.现代潜艇隐身技术.北京：海潮出版社，2003.
33. 小毛.传承经典　领航前行　现代德国潜艇发展简史.北京：现代兵器，2008.7：47–50.
34. 宋晓东，杨清轩.国外常规潜艇未来发展方向研究.舰船科学技术，2015，37（11）：8–13.
35. 程飞，高贵朋.潜艇指控系统智能化应用研究.火力与指挥控制，2014，39（5）：1–5.
36. 众勰.潜艇基础知识.北京：国防工业出版社，1985.
37. 陶雯，陈鼎鼎，等.国外海军潜艇通信技术与装备.通信技术，2015，48（4）：375–381.
38. 孙晔飞.潜艇救生技术.国防科技，2003：26–28.

后记

新中国成立以来，我国舰船与海洋工程装备从小到大，由弱变强，实现了跨越式发展，为捍卫我国海疆和保障国民经济的发展作出了巨大贡献。为了使广大青少年和公众读者了解到我国舰船研制的艰难历程和取得的成就，中国船舶及海洋工程设计研究院、上海市船舶与海洋工程学会、上海交通大学及上海科学技术出版社密切携手，编纂出版“国之重器——舰船科普丛书”，向中华人民共和国建国70周年献礼。

此套丛书编写得到曾恒一院士、潘镜芙院士以及80多位舰船及海洋工程研发设计专家的响应和支持，为其顺利出版奠定了基础。丛书编纂中，注重原创，努力将科学性、权威性、严谨性贯穿始终，把技术性、知识性、趣味性融于一体，把舰与船的专业知识从学术殿堂驶达青少年和公众读者的心田。

上海市船舶与海洋工程学会理事长邢文华、中国船舶及海洋工程设计研究院党委书记卢霖、江南造船（集团）有限责任公司董事长林鸥、沪东中华造船（集团）有限公司纪委书记胡敬东等领导对这套丛书的编撰出版予以多方支持和鼓励，并明确指示：该丛书的编撰是一项系统工程，要求高、时间紧、工作量大，要发挥科技人员的参与意识和普及“国之重器”科学知识的积极性，努力把丛书编好，使它成为一部向广大青少年和公众读者科学普及舰船知识，弘扬海洋文化，开展国防教育的好丛书。

100多位从事舰船及海洋工程科研、设计、建造的专家和老、中、青三代科技工作者参与了丛书的编写。撰写者大多是肩负科研任务的一线科研工作者，只能利用业余时间进行编写；他们不是专业的科普作者，但要完成从建造者到教育者、从设计员到讲解员的角色转换；学术著作可以精尖高深，科普文章却要浅显易懂，要像对学生上课一样，心口相传，绘声绘色，这对他们而言绝非易事。但面对困难，他们不曾退缩。在大家的心中，参与丛书编撰不仅是对投身舰船科研、设计、建造实践的重塑，更是为了中国造船事业后继有人、薪火相传。从领受编撰任务的那一天起，他们酝酿推敲、遴选谋篇、不辞辛劳、不舍昼夜，把对科学的爱、对祖国的情凝练成书香墨宝。

历经2年，这部丛书终于与读者见面了。丛书的编撰得到众多单位支持，并成立丛书专家委员会，严格遵循资料汇总、提纲拟制、内容撰写、审查把关、全稿统筹的编纂规律，先后多次召开书稿初审会、复审会和终审会，确保内容准确、权威。

因此，“国之重器——舰船科普丛书”具有以下特点：

一是广泛性。丛书涵盖了当今世界主要舰（船）种，内容包括舰船的诞生、发展历程、关键系统设备和发展前景等，是目前已出版舰船科普丛书中较齐全、较系统的一套科普丛书。

二是原创性。目前市场上有关舰船方面的科普图书屡见不鲜，但引进的多，原创的少，而这套丛书立足于国内舰船研制历程，经过精心策划，历经2年的努力原创而成。

三是权威性。丛书由中国船舶及海洋工程设计研究院、上海市船舶与海洋工程学会和上海交通大学主编，联合江南造船（集团）有限责任公司、沪东中华造船（集团）有限公司、上海外高桥造船有限公司、中国海洋石油集团有限公司等单位，还成立了由曾恒一院士、潘镜芙院士领衔的专家委员会对丛书内容进行专业技术上的把关，保证了此书的科学性和权威性。

四是充满情怀。习近平总书记指出：科技创新、科学普及是实现国家创新发展的两翼，要把科学普及放在与科技创新同等重要的位置。丛书正是基于这一精神向全民，特别是青少年介绍舰船科技知识，弘扬科学精神，传播科学思想和科学方法，激发爱国热情，使全民关心、热爱、支持国防建设和舰船事业的发展，为实现强军梦、强国梦尽一份心力。

五是集体创作。老、中、青100多位科技工作者参加丛书编撰，每分册从提纲到初稿、定稿，均经众人讨论、修改，所以说丛书是集体创作的成果。

丛书编写过程中参考了一些书籍和报刊，引用了一些观点和图片，在此表示诚挚谢意。

长期从事潜艇研发设计的张仲根、蒋金良、陈德耀、戴自昶、张帆研究员，李珂丽、李月华、何凤仙、俞珊珠高级工程师参加了本册的编写和审稿。在丛书出版发行之际，向各位专家、全体编撰人员，以及关心、支持丛书编撰出版的有关单位和个人表示崇高的敬意。

对于书中不妥之处，希望广大读者予以指正。

张　毅

2018年8月

国之重器——舰船科普丛书

出版工作委员会

本书内容由中国船舶及海洋工程设计研究院审定。本书所使用的图片由中国船舶及海洋工程设计研究院、上海市船舶与海洋工程学会、上海交通大学、江南造船（集团）有限责任公司、沪东中华造船（集团）有限公司、上海外高桥造船有限公司、中国海洋石油集团有限公司、中船重工第七一四研究所、少年儿童出版社等提供。

特别说明：本书中可能存在未能联系到版权所有者的图片，请见书后与上海科学技术出版社联系。